S. Musiala

BUNTE KOSMOS TASCHENFÜHRER

Hans Pfletschinger

Einheimische Spinnen

Die Webespinnen – Arten und Verhalten
mit 120 Farbfotos

Kosmos · Gesellschaft der Naturfreunde
Franckh'sche Verlagshandlung · Stuttgart

120 Farbfotos von Hans Pfletschinger und 6 Zeichnungen von Burkard Kahl

Umschlag von Edgar Dambacher
unter Verwendung eines Farbfotos von Hans Pfletschinger
Das Bild zeigt die Gartenkreuzspinne *(Araneus diadematus)* im Netz

Holländische Ausgabe Thieme, Zutphen/Niederlande

CIP-Kurztitelaufnahme der Deutschen Bibliothek

Pfletschinger, Hans:
Einheimische Spinnen : d. Webespinnen – Arten u.
Verhalten / Hans Pfletschinger. – 3. Aufl. –
Stuttgart : Franckh, 1983.
(Bunte Kosmos-Taschenführer)
ISBN 3-440-04781-4

3. Auflage/ 19.-24. Tausend
Franckh'sche Verlagshandlung, W. Keller & Co., Stuttgart/1983

Printed in Italy / Imprimé en Italie / LH 14 He / ISBN 3-440-04781-4
Satz: IBV Lichtsatz KG, Berlin
Herstellung: Editoria s.r.l. Trento, Italien

Sie finden...

Spinnen sind ja gar nicht so...

Glücklicherweise gehören Sie, lieber Leser, nicht auch zu jenen Zeitgenossen, die Spinnen abscheulich finden oder sich gar vor diesen „schrecklichen Tieren" ekeln. Denn sonst hätten Sie dieses Buch gar nicht gekauft. Aber – Hand aufs Herz: Sind Ihnen diese flinken Achtbeiner nicht auch schon zuweilen etwas unheimlich erschienen, gewissermaßen als Außenseiter der Tierwelt, als häßliche Aschenbrödel im Kleintierreich, deren Anblick wenig Sympathie erweckt, sondern bei der Hausfrau nach dem obligatorischen „Igittigitt – eine Spinne!" höchstens die Reaktion auslöst, nach dem Besen zu greifen und dem Scheusal damit den Garaus zu machen!
Es wäre vermessen zu erwarten, die Lektüre unseres Taschenführers könne Ihre Ressentiments gegen die Spinnen beseitigen oder gar in Zuneigung umwandeln. Zu tief steckt in uns allen die bis ins Mittelalter zurückgehende und im Grunde undefinierbare Abneigung gegen die Spinnentiere. Und diese Antipathie, diese auf Aberglauben gegründete Furcht vor den angeblich so giftigen und heimtückischen Tieren, hat selbst die Zoologen lange Zeit davon abgehalten, sich dieser Tierklasse wissenschaftlich anzunehmen und ihre Lebensweise zu erforschen. Und auch heute steht die Spinnenforschung erst am Anfang.
Was also möchten Autor und Verlag mit dieser Exkursion durch das Reich der Spinnen erreichen?
Als allererstes einmal Ihnen, lieber Leser, Ihre Furcht vor den ganz und gar ungefährlichen Tieren unserer Heimat zu nehmen und diese Geschöpfe von ihrer Verteufelung durch uns Menschen endlich zu befreien. Das Buch soll die Spinnen so zeigen, wie sie wirklich sind. Und je mehr Sie über das Leben der Achtbeiner erfahren, desto stärker werden Sie sich mit Sicherheit auch für sie zu interessieren beginnen. Dessen sind wir uns so sicher, weil wohl keine andere Tiergruppe mit so vielen verblüffenden und faszinierenden Tatsachen überrascht wie gerade die vielgeschmähten Spinnen.
Der Streifzug durch die Spinnenwelt, den der Taschenführer mit den Text- und Bildseiten zu unternehmen versucht, wäre schon dann als erfolgreich zu bezeichnen, wenn Sie sich am Ende eingestehen könnten: Spinnen sind ja gar nicht so!

Hinweis: Manche der gezeigten Spinnen besitzen keinen deutschen Artnamen; bei ihnen ist nur der wissenschaftliche Name angegeben.
Die im Text erwähnten Monatszeiträume des Auftretens der betreffenden Spinnenart beziehen sich immer nur auf das ausgewachsene, geschlechtsreife Tier.

Kurze Anatomie der Spinnen

Die Webespinnen werden vom Laien häufig zu den Insekten gerechnet. Sie bilden aber innerhalb der Klasse der Spinnentiere – die mit Insekten nichts zu tun hat! – eine eigene Ordnung. Von den bisher bekannten mehr als 25 000 verschiedenen Arten leben die meisten in warmen Klimazonen; in Mitteleuropa sind lediglich etwa 800 Arten verbreitet. Von den Insekten unterscheiden sich die Webespinnen durch ihre acht Beine. Außerdem ist ihr Körper nicht in drei Abschnitte gegliedert, sondern besteht aus nur zwei Teilen: dem Vorderkörper, auch Kopfbrust (Cephalothorax) genannt, weil Kopf und Brust eine Einheit bilden, und dem weichhäutigen, mit dem Vorderkörper durch einen dünnen Stiel verbundenen Hinterleib (Abdomen) mit den meist drei Paar Spinnwarzen am Hinterleibsende. Am Vorderrand der Kopfbrust befinden sich oben und seitlich meist acht Punktaugen in 2–3 Reihen angeordnet, ein Paar laufbeinartige Kiefertaster (Pedipalpen), beim Männchen in der Regel am Ende kolbenartig zu Begattungsorganen verdickt, ein Paar stark ausgebildete Kieferfühler (Cheliceren), die in den einschlagbaren Giftklauen münden. An der Unterseite der Kopfbrust sind die vier sehr beweglichen Laufbeinpaare angewachsen. Die Unterseite des Hinterleibes weist 1–2 Paar Atemspalten und die Genitalspalte auf.

Mit nur wenigen Ausnahmen lähmen bzw. töten die Spinnen ihre Beutetiere mit Gift, das durch eine feine Öffnung an der Spitze der dolchartigen Giftklauen in den Körper des Opfers gepreßt wird. In Mitteleuropa ist keine einzige Spinnenart heimisch, deren Biß einem Erwachsenen gefährlich sein könnte.

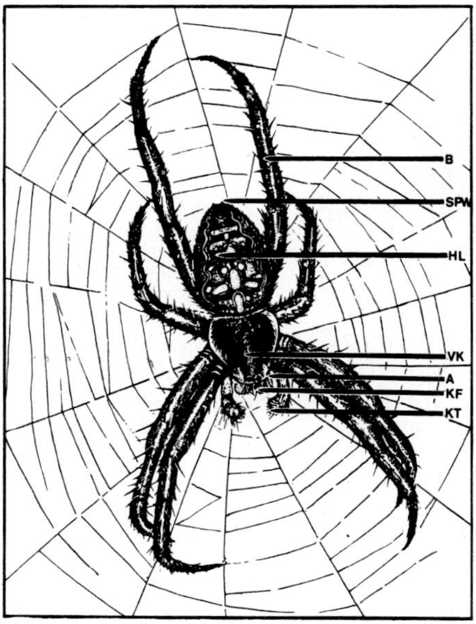

VK Vorderkörper
A Augen
KT Kiefertaster
KF Kieferfühler und Giftklauen
B Beine
HL Hinterleib
SPW Spinnwarzen

Wie ein Radnetz entsteht (schematisch)

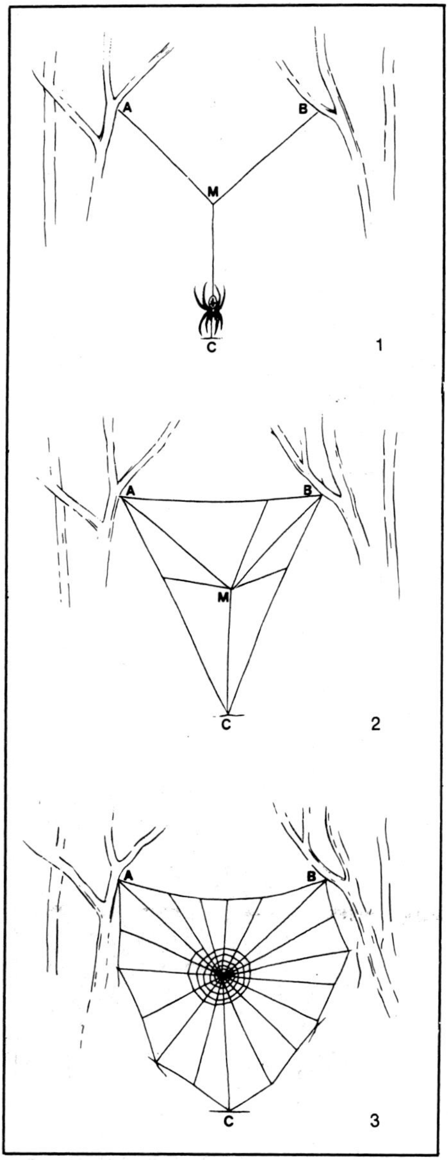

Der Bau eines Radnetzes beginnt mit dem Ziehen eines Brückenfadens zwischen zwei Punkten. Von der Mitte des verlängerten Brückenfadens aus zieht die Spinne einen Faden nach unten und verankert ihn dort (Skizze 1).

Von der Netzmitte ausgehend spannt sie sodann die äußeren Rahmenfäden A-B-C und beginnt, die Netzmitte M mit einer immer größeren Anzahl von Fäden mit den Rahmenfäden zu verbinden. Sie ergeben später die Speichen (Skizze 2).

Sind alle Speichen gezogen, webt die Spinne, in der Netzmitte beginnend, nach außen eine Hilfsspirale, deren Fadenabstände so bemessen sind, daß die Spinne mit den Beinen gerade noch zur nächsten Spirale greifen kann (Skizze 3).

Nach Fertigstellung dieser Hilfsspirale zieht die Spinne, diesmal außen beginnend, die eigentliche Fangspirale aus klebrigen Seidenfäden, die einen geringeren Abstand voneinander haben als die der Hilfsspirale. Diese wird dabei wieder abgebaut. Die Fangspirale endet in einigem Abstand zum Netzzentrum. Zwischen ihrem Ende und dem verwobenen Zentrum entsteht ein freier Sektor (Skizze 4).

4

Radnetz einer Kreuzspinne

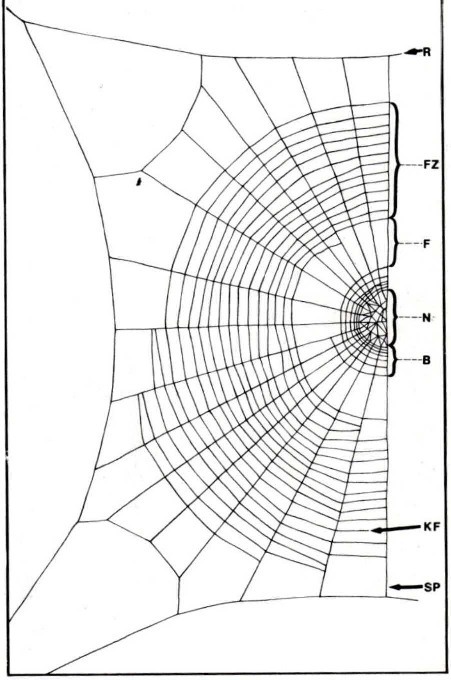

R Rahmenfäden
FZ Fangfadenzone
KF Klebefaden
F Freie Zone
N Nabe
B Befestigungszone
SP Speichen

Wie sich Spinnen entwickeln

Oben links: Geöffneter Eikokon einer Kreuzspinne
Oben rechts: Frisch geschlüpfte Jungspinnen im Gemeinschaftsgespinst
Unten links: Jungspinne auf Fichtentrieb vor dem „Abflug“
Unten rechts: Wolfspinne unmittelbar nach der Häutung

Zwei bis sechs Wochen nach der Begattung beginnt das Spinnenweibchen mit der Eiablage. In der Regel werden die meist kugelförmigen Eier nach dem Ablegen in ein dichtes Fadengespinst eingehüllt, das ihnen Schutz nicht nur vor Witterungseinflüssen, sondern auch vor Feinden bietet. Die Eier sind je nach Spinnenart von unterschiedlicher Größe. Ihr Durchmesser schwankt zwischen nur wenigen Zehntelmillimetern (z. B. bei den Zwergspinnen) und nahezu zwei Millimetern (Jagd- und Deckennetzspinnen). Ebenso unterschiedlich wie die Größe ist die Zahl der abgelegten Eier. Manche Spinnenkokons enthalten nur 5 bis 6, andere wiederum bis nahezu 1000 Stück. Der fertig entwickelte Spinnenembryo schlitzt mit Hilfe von Eizähnchen, die sich an der Basis der Kiefertaster befinden, die aus zwei Häuten bestehende Eihülle auf und zwängt sich ins Freie. Hierbei findet die erste Häutung statt. Die Jungspinne ist in diesem Stadium weder zur Nahrungsaufnahme noch zum Spinnen fähig. Während ihrer ersten Lebenstage ernährt sie sich von dem Dottervorrat im Hinterleib. Erst nach der 1. oder 2. Häutung außerhalb des Eies sind alle für das Tier lebenswichtigen Organe vollständig ausgebildet, und auch erst jetzt verläßt das Jungtier den Eikokon, der ihm zusammen mit den Geschwistern bisher als Wohnkammer gedient hatte. Die als Ei oder Jungspinne überwinterten Tiere mancher Kreuzspinnenarten bleiben in der Nähe des Kokons in einem zwischen zusammengewobenen Pflanzenteilen gesponnenen Gemeinschaftsgespinst in einer dichten Traube noch einige Tage bis zur nächsten Häutung zusammen. Dann zerstreuen sie sich und suchen einen geeigneten Lebensraum auf. Dort fertigen sie dann zum erstenmal ein regelmäßiges, arttypisches, jedoch entsprechend kleines Radnetz an, dessen Durchmesser z. B. bei der Gartenkreuzspinne anfangs nur ungefähr 2,5 cm beträgt. Das Aufsuchen des Lebensraumes geschieht bei vielen Spinnenarten auf eine ganz ungewöhnliche Weise: An sonnigen Tagen krallen sich die Jungtiere an einem erhöhten Standort fest (Zaunpfähle, Zweigtriebe usw.), recken den Hinterleib in die Höhe und lassen einen langen Faden aus den Spinnwarzen austreten. Dieser Faden wird von der aufsteigenden Warmluft nach oben geweht. Ist der Faden lang und der Auftrieb groß genug, läßt die Spinne ihren Standort los und wird an dem Flugfaden vom Wind davongetragen. Auf diese Weise kann das Spinnchen große Höhen erreichen und weite Strecken zurücklegen. So sind solche „Luftschiffer“ schon in einer Höhe von 4000 Meter beobachtet worden; Entfernungen von 100 Kilometer und mehr sind keine Seltenheit. Durch Verkürzen des Fadens kann die Jungspinne Zeitpunkt und Ort der Landung selbst bestimmen. Solche Flugfäden werden besonders häufig im Spätsommer (Altweibersommer), aber auch im Frühjahr beobachtet. Während ihres Wachstums häuten sich die Spinnen durchschnittlich 8–10mal, da die chitinreiche Körperhaut nur eine relativ geringe Dehnfähigkeit aufweist. Der Lebenszyklus der meisten heimischen Spinnen ist einjährig, bei manchen Arten (z. B. Gartenkreuzspinne) auch zweijährig; vereinzelt können Spinnen aber auch ein Lebensalter von 7–8 Jahren erreichen.

Bau eines Radnetzes

Oben links: Radnetz im Bau mit Hilfsspirale und begonnener Fangspirale
Oben rechts: Gartenkreuzspinne beim Anbringen der klebrigen Fangfäden
Unten links: Klebefäden mit deutlich sichtbaren Leimtröpfchen
Unten rechts: Gartenkreuzspinne auf der Nabe ihres fertigen Netzes

Der Bau eines Radnetzes erfolgt bei allen radnetzwebenden Spinnenarten im Prinzip immer auf dieselbe Weise. Das Baumaterial besteht aus Seidenfäden verschiedenartiger Beschaffenheit: aus elastischen und starren, aus trockenen Fäden und aus solchen mit Klebetröpfchen, aus dünnen und starken. Der Rohstoff für alle diese Fäden wird in den Spinndrüsen im Hinterleib der Spinne erzeugt, von denen Ausführgänge zu den Spinnwarzen führen, meist sechs an der Zahl und durch Muskeln stark beweglich. Jede dieser Spinnwarzen weist zahlreiche feinste Öffnungen auf, die Spinndüsen. Durch diese Öffnungen, auch Spinnspulen genannt, preßt die Spinne die Seide. Je mehr Spinndüsen – insgesamt meist einige hundert – die Spinne hierbei in Tätigkeit setzt, desto dicker wird das hierbei entstehende Fadenkabel. Dieses oft aus mehreren hundert Einzelfäden bestehende Kabel, der „Spinnfaden", ist mit einem Durchmesser von 0,008 Millimeter mit dem bloßen Auge kaum sichtbar. Einhundert solcher Spinnfäden zusammengewoben würden nicht einmal die Dicke eines Menschenhaares ergeben! Die stärksten, bei der Gartenkreuzspinne aus etwa 400 Einzelfäden bestehenden Fadenkabel weisen verständlicherweise diejenigen Fäden auf, welche die Last des Netzes samt Bewohnerin und Beute sowie Tau- und Regentröpfchen zu tragen haben: die Rahmenfäden. Sie sind gewissermaßen die Haltetaue, die das eigentliche Netz immer straff gespannt halten (siehe Seite 8f.). Nachdem die zahlreichen, in der Nabe zusammenlaufenden Speichenfäden gezogen sind, beginnt die Spinne damit, vom Zentrum aus trockene Fäden spiralenförmig nach außen zwischen den Speichen zu spinnen. Diese Hilfsspirale dient der Spinne beim Anbringen der eigentlichen Fangfäden lediglich als Gerüst. Außen am Netz angekommen, beißt das Tier die Fäden der Hilfsspirale wieder ab und legt dabei gleichzeitig in wesentlich geringeren Abständen voneinander eine neue Spirale an. An diesem Spiralfaden sind winzige Klebetröpfchen wie Perlen aufgereiht. Er ist so elastisch, daß er sich bis zu seiner vierfachen Länge dehnen kann, ohne zu reißen. Die Fangspirale führt nicht ganz bis ins Netzzentrum. Zwischen ihr und der Nabe bleibt eine freie Zone. Oft wird die Nabe selbst mit weiteren Fäden zu einer Befestigungszone verstärkt, die bestimmten Radnetzspinnen als Warte dient. Schäden, die tagsüber beim Beutefang im Netz auftreten, werden meist sogleich wieder ausgebessert. In der Regel erneuert die Spinne in den Nacht- oder frühen Morgenstunden das ganze Netz mit Ausnahme des Rahmens vollständig, die alten Speichen und Fangfäden werden aufgefressen. Der Bau eines solchen Radnetzes dauert bei der Gartenkreuzspinne ungefähr 40 bis 45 Minuten. Dazu benötigt die Spinne etwa 18 Meter Seidenfaden.

Familie Kreuz- oder Radnetzspinnen – Araneidae

Unterfamilie Eigentliche Kreuzspinnen – Araneinae

Gartenkreuzspinne *Araneus diadematus*
Oben links: Netz der Gartenkreuzspinne
Oben rechts: Spinne, braune Farbvariation, im Netz
Unten links: Spinne, ockerbraune Variation, Kauerstellung in Warte
Unten rechts: Spinne beim Einspinnen einer Feldheuschrecke

Die bekannteste heimische Kreuzspinne ist die Gartenkreuzspinne. Deren charakteristischen Kreuzzeichnung auf dem Hinterleib verdankt die ganze Familie ihren volkstümlichen Namen. Ihr Lebensraum ist nicht auf bestimmte Biotope beschränkt wie bei vielen anderen Araneiden. Wir finden sie im Flachland wie im Mittelgebirge, an Waldrändern ebenso häufig wie unmittelbar vor dem Haus im Garten oder auch an Zäunen und in Fensternischen. Ihr kreisrundes Netz hat beim ausgewachsenen Tier einen Durchmesser von ungefähr 30 cm und weist etwa 40 Fangfäden auf. Die Zahl der Speichen schwankt zwischen ca. 20 und 30. Die Spinne selbst befindet sich entweder mit gespreizten Beinen kopfunter auf der Nabe, verläßt jedoch bei Störung meist sofort das Netzzentrum, oder sie lauert in ihrem Schlupfwinkel in der Nähe des Netzes, mit dem sie durch einen Signalfaden verbunden bleibt und der ihr sofort anzeigt, wenn sich ein Beutetier in der Netzfalle verfangen hat. Obwohl die Gartenkreuzspinne immer die typische Kreuzzeichnung auf dem Vorderteil des Hinterleibsrückens trägt, ist ihre Grundfärbung sehr variabel. So finden wir nicht selten auf engstem Lebensraum solche mit einer strohgelben, einer orangefarbenen oder auch dunkelbraunen Körperfärbung. Der Hinterleib erreicht beim erwachsenen Weibchen eine Länge von ca. 10 mm und erscheint beim geschlechtsreifen Tier wegen der heranreifenden Eier kugelförmig aufgetrieben. Das Männchen dagegen ist wie bei den meisten Spinnenarten mit einer Hinterleibslänge von nur 6,5 mm deutlich kleiner und schlanker. Das geschlechtsreife männliche Tier baut keine Netzfalle mehr, sondern führt eine vagabundierende Lebensweise.

Je nach Größe des Beutetieres, das sich in den klebrigen Netzfäden verfangen hat, geht die Kreuzspinne beim Überwältigen des Opfers verschieden vor. Die Erschütterungen, die das Beutetier beim Versuch, sich wieder zu befreien, im Netz verursacht, zeigen der Spinne mit ihrer Stärke sowohl die Lage als auch die Größe der Beute an. Sie nimmt dies mit den überaus gut entwickelten Tastorganen an den Fußspitzen wahr. Wegen ihres geringen Sehvermögens kann die Spinne ihr Opfer im Netz mit den Augen nicht ausmachen. Kleine Tiere werden sofort nach Erreichen durch einen Biß gelähmt. Größere und u. U. wehrhafte Insekten dagegen werden zunächst dadurch wehrlos gemacht, daß sich die Spinne unter das Opfer hängt und es mit einem breiten Fadenband innerhalb weniger Sekunden einspinnt. Erst dann lähmt sie das gefesselte Opfer durch einen Biß. Anschließend trennt sie das Beutepaket aus dem Netz und zieht es an einem Faden hinter sich her zur Nabe, wo sie es aussaugt. Man kann dieses Fangverhalten gut beobachten, wenn man ein größeres Fluginsekt oder eine Feldheuschrecke in die Fangspirale einer Gartenkreuzspinne wirft.

Im Gegensatz zu den meisten anderen Kreuzspinnenarten hat die Gartenkreuzspinne einen zweijährigen Lebenszyklus. Die im Frühjahr aus dem Kokon geschlüpften Jungspinnen überwintern als halberwachsene Tiere, setzen im darauffolgenden Jahr ihr Leben bis zur Geschlechtsreife fort und sterben dann im Spätherbst nach der Fortpflanzung.

Familie Kreuz- oder Radnetzspinnen – Araneidae
Unterfamilie Eigentliche Kreuzspinnen – Araneinae

Marmorierte Kreuzspinne *Araneus marmoreus*
Oben links: Spinne, gelbe Form
Oben rechts: Spinne, Nahaufnahme
Unten links: Spinne, braune Form
Unten rechts: *Araneus marmoreus* var. *pyramidatus*

Vor allem in feuchtem Gelände (auf Sumpfwiesen, in Moorgebieten, auf Ödland) sowie an den äußeren Zweigen einzelstehender Büsche und Bäume findet sich häufig und verbreitet die Marmorierte Kreuzspinne als weitere Vertreterin der in Mitteleuropa mit insgesamt 49 Arten verbreiteten Familie der Kreuz- oder Radnetzspinnen. Ihr Netz, dem der Gartenkreuzspinne sehr ähnlich, ist in der Regel zwischen hohen Gräsern und Stauden so aufgehängt, daß sich die Nabe in einer Höhe zwischen 50 und 80 cm über dem Erdboden befindet. Die Spinne selbst werden wir jedoch nie im Netzzentrum in Lauerstellung entdecken. Sie hält sich tagsüber in der Nähe des Netzes in einem Schlupfwinkel verborgen, der aus zusammengesponnenen Pflanzenteilen (Gräsern, Blättern, Zweigen) besteht. Vom Netzzentrum aus führt ein Signalfaden zum Schlupfwinkel. Diesen straff gespannten Faden hält die Spinne mit den Vorderbeinen umfaßt. Dadurch nimmt sie jede Erschütterung wahr, die ein ins Netz geratenes Beutetier verursacht. Das Bestimmen der Spinne nach ihrer Körperzeichnung und -färbung ist selbst für den Fachmann nicht einfach, weil beide Kriterien ungewöhnlich stark variieren. So kann der bis 11 mm (beim Männchen bis 5 mm) lange Hinterleib oben eine gelblichweiße, eine gelbe, eine schwach rote oder auch eine braune Färbung aufweisen. In der Regel trägt er vorne eine Dreiecks- oder Kreuzfigur aus weißen Flecken. Diese Zeichnung hat eine große Ähnlichkeit mit der auf Seite 18 beschriebenen *A. quadratus*. Eine besondere Farbform der Marmorierten Kreuzspinne stellt die (unten rechts abgebildete) *Araneus pyramidatus* dar. Ihr gelber, ungezeichneter Hinterleibsrükken trägt zum Körperende hin einen dunkelbraunen bis schwarzen pyramidenförmigen Mittelfleck.
Wie bei allen Radnetzspinnen ist auch bei ihr der Tastsinn besonders stark entwikkelt. Die Sinnesorgane befinden sich hauptsächlich an den Fußgliedern der Beine, an den Endgliedern der Kiefertaster sowie an den langen Becherhaaren an den Fußgliedern. Diese Hörhaare nehmen selbst feinste Luftbewegungen wahr, wie sie bei der Ausbreitung von Schallwellen entstehen. Die Tastsinnesorgane spielen deshalb beim Wahrnehmen und Aufspüren eines ins Netz geratenen Beutetieres die alleinige Rolle. Mit ihren acht, in zwei Reihen übereinander angeordneten Augen kann die Kreuzspinne lediglich Hell und Dunkel unterscheiden. Deshalb sieht sie die Beute im Netz auch erst dann, wenn sie sich unmittelbar vor dem Opfer befindet. Beim geschlechtsreifen Weibchen (bei *A. marmoreus* von August bis Oktober) wölbt sich der kugelförmige Hinterleib wie eine Kuppel über die Kopfbrust. Er wird zum großen Teil von den Spinndrüsen und vor allem von den Eiern ausgefüllt. Nach der Eiablage stirbt das Weibchen; ihr Lebenszyklus ist einjährig.

Familie Kreuz- oder Radnetzspinnen – Araneidae

Unterfamilie Eigentliche Kreuzspinnen – Araneinae

Vierfleckige Kreuzspinne *Araneus quadratus*
Oben links: Spinne, olivbraune Farbform
Oben rechts: Spinne, rötliche Farbform
Unten links: Spinne lähmt eine ins Netz geratene Libelle
Unten rechts: Weibchen und Männchen im Schlupfwinkel

Ähnlich wie die Marmorierte Kreuzspinne variiert auch die Vierfleckige Kreuzspinne in der Färbung sehr stark. Die Grundfärbung ihres Hinterleibsrückens reicht von Blaßgelb über Olivbraun bis Rot. Dennoch ist diese Art an der aus vier hellen Flecken im Vorderteil des Hinterleibsrückens bestehenden Trapezfigur immer gut zu bestimmen. Mit einer Hinterleibslänge bis 13 mm und einer Gesamtkörperlänge von 20 mm und mehr zählt sie zu unseren größten heimischen Kreuzspinnen. Die Spinne ist von August bis Oktober überall vom Flachland bis in Höhenlagen von etwa 2000 m häufig und verbreitet, wobei sie unbedecktes feuchtes Ödland bevorzugt. Ihr Netz spannt sie meist zwischen hohen Gräsern und Stauden nahezu horizontal, wobei sich die Nabe höchstens 50 cm über dem Erdboden befindet. Der Durchmesser des Fangbereiches beträgt ungefähr 30 cm und weist eine für die Größe des Netzes verhältnismäßig geringe Zahl an Speichen auf (ungefähr 20). Der Abstand der Fangfäden voneinander beträgt 4–5 mm. Die Spinne hängt nur am frühen Morgen und abends unterhalb der Nabe im Netz. Tagsüber hält sie sich in einem glockenförmigen, nach unten geöffneten Gespinst verborgen, mit dem Netz durch einen Signalfaden verbunden. Wie alle Kreuzspinnen klettert sie beim Aufsuchen der Beute nie über die spiralenförmig angeordneten klebrigen Fangfäden ihres Netzes, um diese nicht zu beschädigen, sondern läuft immer nur an den trockenen Speichenfäden entlang auf das Opfer zu. Im Gegensatz zu vielen anderen Kreuzspinnenarten fesselt sie auch ein großes Beutetier (Heuschrecke, Biene, Libelle usw.) nicht, ehe sie es lähmt. Nachdem sie das Opfer erreicht hat, schlägt sie sofort ihre Giftklauen in den Körper, wartet sodann in einiger Entfernung etliche Minuten ab, bis das eingepreßte Gift das Insekt gelähmt hat, kehrt jetzt erst wieder zu der Beute zurück und spinnt dann das wehrlose Tier zu einem Paket ein. Schließlich zieht die Spinne die Beute an einem starken Faden hinter sich nach oben zum Schlupfwinkel und beginnt erst hier mit der Mahlzeit.
Im Schlupfwinkel findet auch die Paarung statt, wobei das wesentlich kleinere Männchen (siehe Bild unten rechts) längere Zeit zusammen mit dem Weibchen in dessen Schlupfwinkel verweilt. Wie bei der Marmorierten Kreuzspinne überwintern auch bei ihr die Eier. Die erwachsenen Tiere sterben nach der Fortpflanzung im Spätherbst. Interessant ist in diesem Zusammenhang die Tatsache, daß diese Spinnenart z. B. im Zentralkaukasus eine völlig andere Lebensgewohnheit zeigt. Nicht nur, daß hier das Weibchen lediglich etwa halb so groß wird wie bei uns; es hält sich stets im Netz auf, webt wesentlich größere Radnetze mit einem Durchmesser bis zu 70 cm, die mindestens einen Meter über dem Erdboden hängen, und es webt auch keinen Schlupfwinkel.

Familie Kreuz- oder Radnetzspinnen – Araneidae

Unterfamilie Eigentliche Kreuzspinnen – Araneinae

Heideradspinne *Araneus adiantus* (oben links)
Der Hinterleib dieser im südlichen Teil Mitteleuropas zuweilen häufigsten Spinne ist auch beim geschlechtsreifen Weibchen deutlich langoval und mit einer Länge von nur knapp 5 mm (Männchen: 2,5 mm) deutlich kürzer als bei den meisten anderen Kreuzspinnen. Der Hinterleib trägt eine schmale Blattzeichnung; die weißen Flecken sind nach außen schwarz gesäumt. Bevorzugter Lebensraum sind Heide- und Moorflächen, wo die Heideradspinne auf niederen Pflanzen, oft zwischen Heidekraut, ihr Fangnetz aufhängt. Tagsüber hält sich die Spinne meist auf der Nabe auf, zieht sich aber bei Störung sofort in ihr tütenförmiges, nach unten geöffnetes Versteck in Netznähe zurück (Juli bis August).

Alpenkreuzspinne *Araneus alpicus* (oben rechts)
Die Lebensweise dieser Spinne ist noch wenig erforscht. Im Gegensatz zur Heideradspinne bevorzugt sie Mittelgebirgs- und Hochgebirgsgegenden bis hinauf zur Baumgrenze. Dort befestigt sie ihr Netz hauptsächlich an Fichten und Tannen. Eigenartigerweise ist sie von Schleswig-Holstein an nordwärts wieder im Flachland zu finden. Deutliche Erkennungsmerkmale sind 2–3 schwarze Punktpaare auf dem meist blaß gefärbten, breitovalen Hinterleib sowie vier gelbe Flecken, die auf dem dunklen Mittelteil der Hinterleibsunterseite quadratisch angeordnet sind (Mai bis August).

Schilfradspinne *Araneus cornutus* (unten links)
Ähnlich wie bei *A. marmoreus* und *A. quadratus* ist auch bei ihr die Grundfärbung des Hinterleibs überaus variabel. Die Spinne bewohnt ausschließlich offenes Gelände der Ebene (Sumpf, Moor) und ist hier in Wassernähe besonders verbreitet. Der Fangbereich des zwischen Schilf, hohen Gräsern und Zweigwerk gespannten Netzes ist mit einem Durchmesser bis 60 cm ungewöhnlich groß. Oft hängt das Radnetz an einem mehrere Meter langen Brückenfaden über einem Wasserlauf. Tagsüber hält sich die Schilfradspinne in einem geräumigen Gespinst auf, in dem sie auch überwintert, im darauffolgenden Frühjahr mit dem Männchen längere Zeit zusammenlebt und von Juli/August an bis zu zehn einzelne Eikokons mit insgesamt mehr als 1000 Eier befestigt. Die Jungspinnen schlüpfen erst im Frühjahr aus den überwinterten Eiern. Wie die Gartenkreuzspinne hat die Schilfradspinne also ebenfalls einen zweijährigen Lebenszyklus.

Eichblatt-Radspinne *Araneus ceropegius* (unten rechts)
Sichere Erkennungsmerkmale dieser Spinne sind der deutlich längsovale, vorn und hinten zugespitzte Hinterleib (beim Weibchen etwa 10 mm, beim Männchen bis 5,5 mm lang), sowie die gelbliche Eichblattzeichnung auf dem Hinterleibsrücken (Name). Die Unterseite trägt einen gelben Längsstreifen, von einem dunklen Mittelband eingeschlossen. Die Spinne baut ihr Netz in unbeschattetem Gelände zwischen niederen Büschen, Gräsern, an Zäunen und nicht selten zwischen Getreidehalmen an Feldwegen (Nabe ca. 50 cm über dem Boden). Sie lauert entweder im Netzzentrum oder in einem aus einem flachen Fadenteller bestehenden Schlupfwinkel. Bei der geringsten Störung, schon wenn z. B. ein Schatten auf sie fällt, seilt sie sich rasch an einem Sicherheitsfaden ab und versteckt sich am Boden.

Familie Kreuz- oder Radnetzspinnen – Araneidae
Unterfamilie Eigentliche Kreuzspinnen – Araneinae

Brückenspinne *Araneus sclopetarius* (oben links)
Ihr volkstümlicher Name leitet sich von der Tatsache ab, daß diese häufige und verbreitete Kreuzspinne ihr Netz mit Vorliebe unter Brücken baut. Hier lebt sie oft gesellig mit anderen Artgenossen, wobei die großen kreisförmigen Netze mit einem Durchmesser von etwa 70 cm unmittelbar aneinanderstoßen und nicht selten sogar dieselben Rahmenfäden verwenden. Andere beliebte Standorte sind Bauwerke und Felsen neben fließenden Gewässern. Die grau bis graubraun gefärbte Spinne führt ein ausgesprochen nächtliches Leben und ernährt sich von Fluginsekten, die in der Dämmerung oder nachts in die Netzfalle geraten. Tagsüber hält sie sich in einem Schlupfwinkel verborgen (April bis Oktober).

Araneus displicatus var. westringi (oben rechts)
Diese Kreuzspinne bietet ein weiteres Beispiel dafür, daß die Erforschung der Lebensweise unserer mitteleuropäischen Spinnenarten im Vergleich zu anderen Tierordnungen bei den Zoologen bisher noch wenig Beachtung gefunden hat. So sind Vorkommen und Lebensweise dieser Spinne, die keinen volkstümlichen Namen besitzt, noch wenig bekannt. Der vorn deutlich verschmälerte, mit vier schwarzen Punkten versehene und orange- bis ziegelrot gefärbte Hinterleib ist im Vergleich zur Kopfbrust relativ klein. Das Weibchen wird bis zu 10 mm, das Männchen nur etwa halb so lang.

Gehörnte Kreuzspinne *Araneus angulatus* (unten links)
Sowohl mit ihrer eigenartigen Körperform als auch in der Anlage ihres Fangnetzes unterscheidet sich die Gehörnte Kreuzspinne deutlich von den übrigen Kreuzspinnenarten. Wie schon ihr Name sagt, trägt die meist dunkel- bis schwarzbraun gefärbte Spinne auf dem bis 12 mm langen Hinterleib (Männchen: 5 mm) vorne zwei Schulterhöcker. Sie ist in lichten Niederungswäldern, an Waldwegen und -rändern verbreitet, aber nirgends häufig. Das Netz hängt an einem besonders starken, aus mehreren hundert Einzelfäden bestehenden und sehr dehnbaren, langen (bis zu 8 m) Fadenkabel, das nicht selten von einem Baum zum anderen gespannt ist. Der eigentliche Fangbereich hat einen Durchmesser von 40–65 cm, wobei der Abstand zwischen den einzelnen Fangfäden nach außen zu immer größer wird. Die Spinne hält sich in der Regel nie im Netz auf, sondern lauert mit angezogenen Beinen in einem Versteck (am Baumstamm oder zwischen Büschen von Kiefernnadeln) und ist mit dem Netz durch einen langen Signalfaden verbunden (Ende Juni bis August).

Araneus patagiatus (unten rechts)
Die Spinne (Hinterleibslänge bis 7 mm, Männchen 4 mm) besitzt mit ihrer starken Behaarung, ihrer Körperform und -zeichnung sowie der Zeichnung der Hinterleibsoberseite eine gewisse Ähnlichkeit mit der Brückenspinne, doch ist sie von dieser allein schon durch die Wahl ihres Lebensraumes zu unterscheiden. Sie hängt ihr Fangnetz in der Regel an freistehenden Sträuchern und Bäumen sowie an der Außenseite von Buschwerk in geringer Höhe über dem Erdboden auf. Der Fangbereich des Netzes besteht aus 16–23 Fäden im Abstand von 4–5 mm und hat einen Durchmesser bis zu 25 cm. Wie die Brückenspinne ist auch sie ein ausgesprochenes Nachttier; nur ganz junge Spinnen halten sich auch tagsüber im Netzzentrum auf (Mai bis Oktober).

Familie Kreuz- oder Radnetzspinnen – Araneidae

Unterfamilie Eigentliche Kreuzspinnen – Araneinae

Spaltenkreuzspinne *Araneus umbraticus* (oben links)
Ähnlich wie die Gehörnte Kreuzspinne weist auch die Spaltenkreuzspinne eine von der Körpergestalt der meisten Kreuzspinnen deutlich abweichende Form auf: Ihr 10 mm langer Hinterleib ist extrem flach. Auf dem Hinterleibsrücken mit der schwachen Blattzeichnung sind deutlich 3–4 Grubenpaare zu erkennen. Es handelt sich hierbei um Muskelanheftungspunkte, die es der Spinne ermöglichen, den Hinterleib ungewöhnlich stark zusammenzuziehen. So kann sie sich selbst in engsten Schlupfwinkeln wie in Ritzen und Spalten von Bäumen, unter loser Rinde, in Ritzen von Holzbauten, Häusern, Ställen und Gewächshäusern verbergen. Erst bei Einbruch der Dunkelheit macht sie Jagd auf Beutetiere. Das Netz hat einen Fangbereich bis zu 70 cm Durchmesser und ist leicht trichterförmig gebaut, wobei die Nabe zum Schlupfwinkel der Spinne hin versetzt ist. Sie hat einen zweijährigen Lebenszyklus, überwintert also als halberwachsenes Tier.

Glanzkreuzspinne *Singa hamata* (oben rechts)
In Mitteleuropa ist die Gattung der Glanzkreuzspinnen mit insgesamt sechs Arten vertreten, mit einer Körperlänge zwischen 3 und knapp 6 mm (Weibchen), unsere kleinsten Kreuzspinnenarten. Die Männchen sind noch erheblich kleiner. Ihren volkstümlichen Namen verdanken sie dem stark glänzenden und nur schwach behaarten Hinterleib. Die nur kleinen Radnetze bauen sie in sonnigem, offenem Ödland beinahe senkrecht zwischen Pflanzen und niederem Strauchwerk. *Singa hamata* ist von ihren nahen Verwandten durch ihren gelblichweißen bis hellbraunen Hinterleib mit kastanienbraunen dunklen Längsstreifen zu unterscheiden (Mai bis August).

Sektorenspinne *Zygiella x-notata* (unten links; unten rechts mit Eikokon)
Ebenso wie die Glanzkreuzspinnen bilden auch die Sektorenspinnen mit fünf heimischen Arten eine eigene Gattung innerhalb der Unterfamilie der eigentlichen Kreuzspinnen. Ihr Netz weist gegenüber den Fanggeweben der anderen Gattungen eine Besonderheit auf: Es besitzt einen freien Sektor, d. h. etwa ein Achtel des Netzes ist zwischen den Speichen nicht mit Klebefäden bespannt. Durch diesen Kreisausschnitt führt von der Nabe aus ein Signalfaden zum Schlupfwinkel der Spinne, der aus einer nach beiden Seiten offenen Wohnröhre besteht. Besonders häufig finden sich die Netze der weit verbreiteten *x-notata* in Städten an Eisengittern der Vorgärten, in Mauernischen, Gewächshäusern, und in den Dörfern in großer Zahl auch an den Fenstern von Ställen und Schuppen. Hier lauert die Spinne mit der Blattzeichnung auf dem knapp 8 mm langen, silbergrauen Hinterleib in ihrem Schlupfwinkel. Hat sich ein Insekt im Netz verfangen, so eilt sie auf dem Signalfaden mit überraschender Schnelligkeit zunächst in die Nabe, von wo aus sie dann die Lage der Beute ertastet. Dann bringt sie am Beutetier einen Biß an, spinnt es mit wenigen Fäden ein und kehrt wieder zum Versteck zurück. Oft erst nach einer Stunde sucht sie erneut das inzwischen völlig gelähmte Beutetier auf, löst es aus den Fangfäden und transportiert das an einem Faden befestigte Paket mit einem der Hinterbeine zum Schlupfwinkel, um dort das Opfer zu fressen (Juli bis September).

Familie Kreuz- oder Radnetzspinnen – Araneidae

Unterfamilie Eigentliche Kreuzspinnen – Araneinae

Konische Radspinne *Cyclosa conica*
Oben links: Spinne in der Netznabe mit sichtbaren Stabilimenten
Oben rechts: Spinne in Seitenansicht

Radnetzspinnen, die sich ständig auf der Nabe ihres Netzes aufhalten und die keinen Schlupfwinkel fertigen, in den sie sich bei Bedrohung zurückziehen könnten, sind den vielerlei Gefahren, die ihnen von ihren Feinden drohen, in besonderem Maße ausgesetzt. Die Netze dieser Spinnen weisen deshalb häufig eine Besonderheit auf: sogenannte „Stabilimente". Das sind Fadengespinste entweder in Form von breiten Zickzackbändern wie bei der auf Seite 30 beschriebenen Zebraspinne, oder in Form von senkrechtstehenden breiten Seidenbändern im Netzzentrum wie bei der Gattung der Kreisspinnen, deren bekannteste Vertreterin die Konische Radspinne ist. Die Bedeutung dieser Stabilimente ist noch immer nicht ganz geklärt, doch dürfte die Annahme zutreffen, daß diese der Ablenkung der Spinnenfeinde von der Bewohnerin dienen sollen, zumal nur solche Spinnenarten Stabilimente weben, die keinen Schlupfwinkel anlegen. In der Tat ist die bis 7 mm lange Konische Radspinne kaum zu entdecken, wenn sie mit angezogenen Beinen in der Mitte ihres Netzes kauert, das sie in einer Höhe zwischen 1,5 und 2 m über dem Erdboden meist zwischen Nadelhölzern anlegt. Oft behängt sie die Stabilimente noch mit Beuteresten, Knospenschuppen usw. Den Namen verdankt sie dem aufwärtsgerichteten, sich konisch verjüngenden Hinterleibsende. Wenn sich die Spinne bedroht fühlt, versetzt sie sich samt dem Netz in rasche Schwingungen. Dauert die Bedrohung an, dann läßt sie sich an einem Sicherheitsfaden verankert aus dem Netz fallen und klettert erst nach einiger Zeit an dem Faden wieder ins Netzzentrum zurück. Nur zur Eiablage verläßt die Konische Radspinne ihre Warte freiwillig. Ihre in mehrere Kokons eingesponnenen Eier befestigt sie an Zweigen in Netznähe.

Kürbisfarbene Kreuzspinne, Kürbisspinne *Araneus cucurbitinus*
Unten links: Fangnetz über einer Margeritenblüte
Unten rechts: Spinne mit Eikokon

Diese Kreuzspinne wird, obwohl verbreitet und häufig, sehr leicht übersehen. Zum einen wegen ihrer geringen Größe (Hinterleibslänge bis 5 mm, beim Männchen maximal 3 mm), zum anderen wegen ihrer grünlichen bis gelblichen Färbung der Hinterleibsoberseite (Name), weil das Tier mit Vorliebe sein kaum mehr als handtellergroßes Radnetz schräg bis waagrecht auf großen Blättern anlegt und sich farblich ausgezeichnet der Umgebung anpaßt. Wir finden die Netze nicht selten in Bodennähe auf Sträuchern und über Wiesenblumen unmittelbar über dem Erdboden, aber auch bis zu einer Höhe von 3 m auf Laubbäumen. Die Spinne hält sich immer im Netz auf. Mitte Juli beginnt das Weibchen mit der Eiablage. Der aus 140–160 Eiern bestehende Eiklumpen wird mit einer Schicht wollig gekräuselter, gelblicher Fadenwatte umsponnen und an Blättern oder an Zweigen der Umgebung angeheftet. Hier verharrt das Weibchen und legt im Laufe der folgenden Wochen noch weitere 3–4 Kokons an. Die Jungspinnen überwintern. Sie sind vor der Überwinterung rötlich bis rotorange gefärbt und weisen nach der Überwinterung eine schmutzig olivbraune Körperfärbung auf.

Familie Kreuz- oder Radnetzspinnen – Araneidae

Unterfamilie Herbstspinnen – *Metinae*

Herbstspinne *Meta segmentata*
Oben links: Herbstspinne im Netz
Oben rechts: *Meta segmentata*, Weibchen
Unten links: *Meta segmentata* mit Beute
Unten rechts: *Meta segmentata*, Kopulation

Der volkstümliche Name dieser Kreuzspinne ist auf die Tatsache zurückzuführen, daß sie erst im Herbst geschlechtsreif wird und in dieser Jahreszeit sehr häufig, zuweilen sogar massenhaft anzutreffen ist. Von Ende August an bis Oktober/November fallen uns die typischen Netze der Herbstspinne überall vom Flachland bis hinauf zur Baumgrenze sowohl in offenem Gelände wie auch an Waldrändern und -lichtungen auf. Nicht selten sind die Radnetze in geringem Abstand voneinander zwischen tiefhängenden Zweigen von Büschen oder zwischen Sträuchern und Gräsern in Bodennähe gespannt. Die Bewohnerin selbst wird wegen ihrer verhältnismäßig geringen Körpergröße (Länge ca. 7 mm) meist übersehen. Typisches Merkmal ihres Radnetzes ist die offene Nabe, also das Fehlen der sog. Befestigungszone im Zentrum. Der Abstand der Fangfäden voneinander, die um etwa 20–25 Speichen gezogen sind, ist mit ungefähr 3 mm sehr gering.
Die Spinne weist eine lehmgelbe bis gelbgrüne Körperfärbung mit einer schwachen Blattzeichnung auf dem Hinterleib auf. Die geschlechtsreifen Männchen, an der geringeren Körpergröße (bis 5 mm), dem schlankeren Hinterleib und den längeren Beinen vom Weibchen zu unterscheiden, spinnen kein eigenes Fangnetz mehr. Wir finden sie tagsüber oft zu mehreren am Rande des Netzes eines Weibchens hängend. Hier wartet der Freier, bis sich ein Beutetier in der Netzfalle verfangen hat. Dann versucht das Männchen, die Beute noch vor dem Weibchen zu erreichen. Ist ihm dies gelungen, so spinnt er das Opfer zu einem Paket ein, löst es aus den Fangfäden und trägt es zum Netzrand zurück. Hier beginnt dann der Brautwerber mit den Vorderbeinen in einem ganz bestimmten Rhythmus an einem von ihm zuvor gesponnenen Brückenfaden zu zupfen und auf diese Weise – ähnlich wie bei der Gartenkreuzspinne – dem Weibchen seine friedlichen Absichten kundzutun. Dem entgegenkommenden Weibchen überreicht das Männchen sodann das Beutepaket als Brautgeschenk. Das Spinnenweibchen nimmt es entgegen, frißt jedoch nur ganz kurz daran, steigt über das Beutepaket hinweg und begibt sich neben dem Männchen in Paarungsposition. Die Paarung selbst dauert nur ungefähr drei Minuten. Im September beginnt das Weibchen mit der Eiablage. In Abständen von einigen Tagen bringt es an Zweigen, an Baumrinde usw. in der Nähe des Netzes jeweils einen Eikokon an, der zwischen 80 und 140 Eier enthält. Nach dem Einweben des letzten Kokons verendet dann das Tier. Die Jungspinnen schlüpfen erst im darauffolgenden Frühjahr aus den überwinterten Eiern. Außer der *Meta segmentata* sind bei uns drei weitere, zur Unterfamilie Herbstspinnen zählende Arten vertreten, die aber sowohl in der Netzform als auch in Körpergestalt und Lebensweise der oben beschriebenen Art gleichen.

Familie Kreuz- oder Radnetzspinnen – Araneidae
Unterfamilie Zebraspinnen – *Argyopinae*

Zebraspinne, Wespenspinne *Argyope bruennichi*
Oben links: Spinne; Unterseite mit deutlichen Stabilimenten im Netz
Oben rechts: Spinne in Lauerstellung, Oberseite
Unten links: Spinne fesselt eine Feldheuschrecke
Unten rechts: Spinne frißt erbeutete Feldheuschrecke

Die Unterfamilie der aus etwa 150 Arten bestehenden Zebraspinnen ist in Mitteleuropa mit nur einer einzigen Art vertreten. Während die Zebraspinne vor einigen Jahrzehnten noch verhältnismäßig wenig verbreitet war, ist sie heute überall sowohl im Feuchtland als auch in trockenen Biotopen in immer größerer Zahl zu finden: in Hausgärten wie an Waldrändern, an sonnigen Wegböschungen ebenso wie in sumpfigem Ödland. Die auffällige, wespenartig gelb-schwarz gebänderte Farbzeichnung der Hinterleibsoberseite, die braun-schwarz geringelten Beine und die silbrig schimmernde Behaarung der Kopfbrust schließen eine Verwechslung mit anderen Spinnenarten aus.
Ebenso auffallend wie die Körperfärbung der Spinne ist ihr Netz. Von der mit feinen Fäden dicht übersponnenen Nabe aus, als leuchtendweiße Fläche weithin sichtbar, führt meist ein breites Zickzackband zwischen zwei Speichenfäden nach unten und oben. Über die Bedeutung dieser Stabilimente rätseln die Zoologen noch immer, da sie sicherlich nicht der Tarnung der Spinne dienen, zumal diese durch die auffällige wespenähnliche Körperfärbung sicherlich eine abschreckende Wirkung auf Insektenfresser ausübt.
Ihr Netz legt die Zebra- oder Wespenspinne, die mit einer Körperlänge von etwa 20 mm zu unseren größten einheimischen Spinnen gehört, dicht über dem Erdboden beinahe senkrecht zwischen niederen Pflanzen an. Der Durchmesser des Fangbereiches beträgt ca. 30 cm; die Zahl der Speichen ist mit meist 32 ungewöhnlich groß. Bei der Anlage ihres Fangnetzes bevorzugt die Spinne sonniges Ödland an Waldrändern und Wegrainen, vor allem Orte, an denen Feldheuschrecken besonders häufig sind. Denn diese Insekten sind die hauptsächlichsten Beutetiere der Wespenspinne. Sie legt keinen Schlupfwinkel an, sondern hält sich stets auf der Nabe ihres Netzes auf. Bei Bedrohung läßt sie sich entweder zu Boden fallen oder versetzt sich mitsamt dem Netz minutenlang in rasche Schwingungen, so daß sie für einen Feind unerreichbar wird. (Berührt man eine im Netz sitzende Wespen- oder Zebraspinne beispielsweise mit einem Grashalm, kann dieses Abwehrverhalten gut beobachtet werden.) Gerät eine Feldheuschrecke oder ein anderes größeres Beutetier in die Netzfalle, dann eilt die Spinne sofort zielsicher auf das Opfer zu, hängt sich unter das Tier, befestigt an ihm ein Fadenband und fesselt die Beute mit einem breiten Fächer aus Spinnfäden, indem sie das Beutetier rasch um dessen Körperachse dreht (siehe Bild unten links). Dies dauert nur wenige Sekunden. Sodann löst die Spinne das Paket aus der Fangspirale, hängt es an der Nabe auf, lähmt die Beute durch einen Biß und beginnt mit dem Fressen. Gefressen werden vom Weibchen nicht selten auch die mit einer Körperlänge von nur etwa 5 mm deutlich kleineren Männchen, sobald die Begattung im Netz des Spinnenweibchens vollzogen ist.

Familie Kreuz- oder Radnetzspinnen – Araneidae

Unterfamilie Zebraspinnen – *Argyopinae*

Zebraspinne, Wespenspinne *Argyope bruennichi*
Oben links: Spinne beim Bau ihres Eikokons
Oben rechts: Fertiger Eikokon
Unten links: Eikokon geöffnet mit freigelegter Eikammer
Unten rechts: Eikokon geöffnet mit geschlüpften Jungspinnen

Die Brutfürsorge der Spinnen ist nicht weniger interessant und verschiedenartig ausgeprägt als ihre sonstige Lebensweise. Da viele Spinnenweibchen das Ausschlüpfen ihrer Jungen nicht mehr erleben, weil sie meist kurze Zeit nach der Eiablage verenden, können sie keine Brutpflege im eigentlichen Sinne betreiben. Deshalb veranlaßt sie ihr Instinkt, bei der Anlage und Gestaltung der Eikokons ihren Nachkommen einen besonderen Schutz vor den vielfältigen Gefahren zu bieten, die den Eiern und den geschlüpften Jungspinnen drohen. Ein besonders typisches Beispiel für diese Art der Brutfürsorge gibt die Zebra- oder Wespenspinne.
Bereits Mitte August beginnt das Weibchen mit der Eiablage. Nach Einbruch der Dunkelheit heftet es zunächst in der Nähe seines Netzes einzelne Grashalme in halber Höhe mit einem Fadengespinst aneinander. Mit der Bauchseite nach oben webt das Tier sodann in dieses Gespinst eine rundliche feste Gespinstplatte, den Deckel des späteren Kokons, und setzt hieran nach unten einen sich konisch erweiternden Gespinstsockel. Innerhalb von wenigen Minuten klebt das Weibchen 300 bis 400 gelbliche Eier, zu einer Kugel geformt, in diesen Sockel und umhüllt die Eikugel sogleich mit einer dünnen Schicht weißer Fäden, die kurz darauf zu einer pergamentzähen Haut erstarren. In der darauffolgenden Stunde umgibt die Spinne die Eikammer mit einem dicken Polster aus dunkelbrauner Fadenwatte. Dann macht sie sich an die Fertigstellung der eigentlichen, aus einer dünnen Schicht weißlichgrauer Fäden bestehenden dichten und zähen Kokonhülle. Meist bringt sie auf dieser Hülle des nun birnenförmigen und etwa walnußgroßen Kokons noch eine Schicht hell- und dunkelbrauner Fadenbänder an und verankert – oft erst in den frühen Morgenstunden – mit zahlreichen Spannfäden den Kokon zwischen den Grashalmen der Umgebung.
Meist verweilt das Weibchen neben seinem kunstvollen Bauwerk noch einen Tag, ehe es ins Netz zurückkehrt und Tage später mit dem Bau des nächsten Kokons beginnt, insgesamt bis zu fünf. Etwa einen Monat darauf, also noch im Herbst, schlüpfen die Jungspinnen aus den Eiern, verlassen die eigentliche Eikammer und halten sich den Winter über zwischen der braunen Fadenwatte des geräumigen Kokons auf. Ende Mai/Anfang Juni des darauffolgenden Jahres erst beißen sie eine Öffnung in die äußere Kokonwand und verlassen ihr Winterquartier nach einer Aufenthaltsdauer von ungefähr 8–9 Monaten! Drei Monate später sind diese nur millimetergroßen Tiere bereits erwachsen und fortpflanzungsfähig. Trotz der zähen Kokonwand und der tiefliegenden Eikammer gelingt es vielen Schlupfwespen, im Herbst die Hülle mit ihrem Legestachel zu durchdringen und ihre Eier abzulegen. Die rasch ausschlüpfenden Schlupfwespenlarven ernähren sich dann von den Spinnenembryonen.

Familie Kieferspinnen, Streckerspinnen – Tetragnathidae
Familie Kräuselradnetzspinnen – Uloboridae

Streckerspinne *Tetragnatha nigrita* (oben links)
Familie Kieferspinnen, Streckerspinnen - *Tetragnathidae*
Alle sieben bei uns heimischen Arten der Gattung *Tetragnatha* weisen eine besonders auffallende Körperform und eine eigenartige Verhaltensweise auf, der sie auch ihren deutschen Namen verdanken. Ihr gut 10 mm langer Körper ist stäbchenförmig gestaltet. Bei Gefahr legt die Streckerspinne die beiden langen vorderen Beinpaare eng aneinandergepreßt direkt nach vorn, das letzte Hinterbeinpaar in derselben Weise nach hinten, so daß die auf einem Zweig oder Halm sitzende Spinne ihrem Standort ausgezeichnet angepaßt ist und in dieser Tarnhaltung auch von Insektenfressern kaum entdeckt wird. *T. nigrita*, 7–10 mm lang, hält sich meist auf trockenen Zweigen, Grasrispen oder Halmen an Flußufern auf und trägt auf dem Hinterleib eine deutliche Blattzeichnung (Juni bis August).

Streckerspinne *Tetragnatha extensa* (oben rechts)
Familie Kieferspinnen, Streckerspinnen – *Tetragnathidae*
Sie ist als unsere häufigste Streckerspinne an jedem kleinen Wasserlauf und meist auch an den schilfbewachsenen Ufern von Teichen und Seen von Ende Mai bis Juli zu finden. An ihrem blaßgelben, silberglänzenden Hinterleib ist sie von den anderen Arten ihrer Gattung gut zu unterscheiden. Ihre Körperlänge beträgt bis zu 11 mm. Ihr weitmaschiges Radnetz spannt sie mit Vorliebe zwischen Schilfhalmen, Binsen und hohen Gräsern auf; sie selbst lauert meist in Netznähe auf einem schmalen Pflanzenteil in der typischen Tarnstellung.

Dreieckspinne *Hyptiotes paradoxus* (unten links und rechts)
Familie Kräuselradnetzspinnen – *Uloboridae*
Die Fangfäden der nur in zwei Arten bei uns vertretenen Kräuselradnetzspinnen weisen gegenüber den glatten Fäden aller Netzspinnen eine wesentliche Besonderheit auf: Sie besitzen keine Klebetröpfchen. Die Spinnen bürsten mit besonders gestalteten Hinterbeinen um einen Achsfaden fein gekräuselte Wollfädchen (Name), mit Klebstoff durchtränkt. Diese Art von Fangfäden ähneln einer Leimrute und haben eine wesentlich größere Haftwirkung als die üblichen Fangfäden der anderen Spinnenarten. Das Fangnetz selbst hat die Form eines Dreiecks und weist nur drei Sektoren mit Kräuselfäden auf. Von der Spitze des Dreiecks aus führt ein Spann- oder Signalfaden zum Standort der Spinne an einem Zweig oder Baumstamm. Das nur 4–5 mm lange Tier gleicht einer Knospe und ist kaum zu entdecken (siehe Bild unten links). Nach Fertigstellung des Netzes (etwa in Mannshöhe meist zwischen dürren Fichtenzweigen im Wald) beißt die Spinne den Spannfaden nahe an seinem Ende durch, spult das dem Netz zugerichtete Ende mit den Vorderbeinen auf, hält diese Fadenspule fest und verfährt ebenso mit dem anderen Ende des Fadens (siehe Bild unten rechts). Gerät ein Beutetier ins Netz, läßt das Tier rasch die Fadenspule los, so daß das Dreiecksnetz erschlafft und sich das Beutetier in den Kräuselfäden noch stärker verstrickt. Die Kräuselradnetzspinnen besitzen als einzige Spinnenfamilie keine Giftdrüsen. Deshalb wird das völlig gefesselte Opfer zu einer Seidenkugel eingeschnürt, eingespeichelt und ausgesaugt. Je nach Größe des Opfers dauert die Mahlzeit bis zu 36 Stunden.

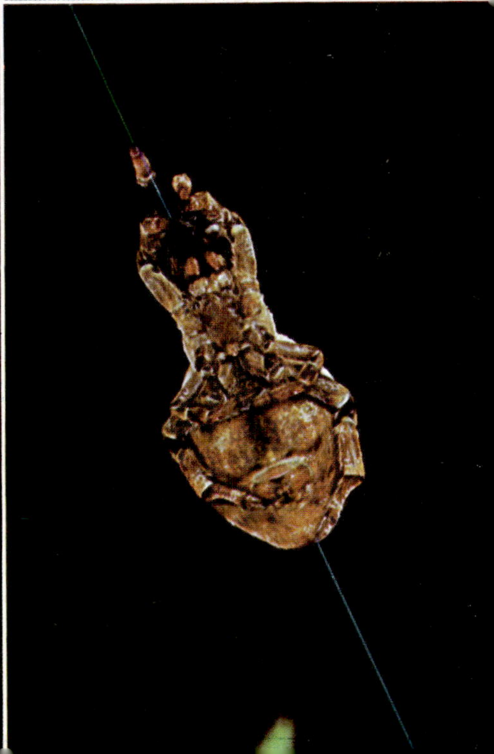

Familie Trichterspinnen – Agelenidae

Hausspinne *Tegenaria,* Trichternetz (oben links)
Die Netze aller an Land lebenden Trichterspinnen sind trichterförmig angelegt (Name) und münden in einer röhrenförmigen Verjüngung, der Wohnröhre. Unsere Hausspinne webt dieses Netz mit Vorliebe im Winkel zwischen zwei zusammenstoßenden Wänden. Es besteht aus zwei Abschnitten: dem Fanggewebe, einer meist dreieckigen, nach hinten leicht abfallenden dichten Gespinstdecke, und den feinen, mit dem bloßen Auge kaum sichtbaren Fangfäden, die über der Gespinstdecke schräg nach oben verlaufen. Da diese Decke nach unten mit starken Fäden verankert ist, hängt sie in der Regel in der Mitte leicht hängemattenartig durch. Die Wohnröhre besteht aus einem dichten Gespinst und ist nach unten zur Deckenunterseite hin geöffnet. Die Bewohnerin lauert meist am Eingang dieser Röhre auf Beutetiere, die sich im Netz verfangen haben.

Hausspinne, Winkelspinne *Tegenaria larva, (T. atrica),* Weibchen und Männchen (oben rechts)
Typische Körpermerkmale aller Trichterspinnen sind die langen Spinnwarzen und die im Verhältnis zum Körper sehr langen Beine. Von den 23 heimischen Arten dieser Familie leben vor allem vier Arten der Gattung *Tegenaria* (Winkelspinnen) in Häusern. Eine dieser häufigsten Hausspinnen ist *T. larva (T. atrica),* überall verbreitet, nicht nur in Wohnräumen und Kellern von Gebäuden, sondern auch in Mauerlöchern, Steinbrüchen und unter Kalksteinen. Mit einer Körperlänge bis zu 18 mm ist das Weibchen deutlich größer als das Männchen (siehe Bild). Der gelbbraune Hinterleib trägt 3–5 Längsreihen dunkler Winkelflecke.

Hausspinne, Winkelspinne *Tegenaria parietina* (unten links)
Von der oben beschriebenen Art unterscheidet sich diese Hausspinne vor allem durch das rötliche Mittelband auf dem hellgrauen bis gelbgrauen Hinterleib und den dunklen Ringen an den Beinen. Das Weibchen wird bis zu 20 mm lang und ist eine unserer größten Spinnen überhaupt. Auch bei dieser Art ist das Männchen wesentlich kleiner. Wir finden *Tegenaria parietina* hauptsächlich im Süden Mitteleuropas in Häusern, in Felsspalten und an Mauern. Wie die anderen Hausspinnen erreicht sie ein für Spinnen ungewöhnlich hohes Alter: Das Weibchen kann 7–8 Jahre alt werden. Das Männchen dagegen geht schon kurze Zeit nach der Paarung im Alter von einem Jahr zugrunde, so daß ein Weibchen von seinen eigenen Urenkeln begattet werden kann!

Hausspinne, Winkelspinne *Tegenaria,* Kieferfühler mit Giftklauen (unten rechts)
Werfen wir in das Netz einer Hausspinne eine noch lebende Fliege, so können wir die Spinne beim Fressen beobachten. Zunächst schlägt sie die nadelspitzen, dolchartigen Giftklauen am Ende der Kieferfühler in das Beutetier und preßt gleichzeitig Gift in die Wunde. Dieses Gift, in besonderen Drüsen erzeugt, tritt aus einer kleinen Öffnung unmittelbar vor der Dolchspitze aus und lähmt innerhalb von 2–3 Minuten das Opfer. Erst dann läßt die Spinne aus dem Mundspalt ein Tröpfchen Verdauungssaft austreten, der das Körpereiweiß des Beutetieres in wenigen Sekunden zu einem Brei auflöst. Diesen organischen Brei saugt dann die Spinne durch eine kleine Mundöffnung wieder ein.

Familie Trichterspinnen – Agelenidae

Labyrinthspinne *Agelena labyrinthica*
Oben links: Spinne im Netz mit Beute
Oben rechts: Eikokon (teilweise freigelegt)

Von den im Freien lebenden Trichterspinnen ist die Labyrinthspinne die häufigste und am weitesten verbreitete. Ihr deckenartiges Fanggewebe, ca. 60 × 40 cm groß, finden wir ab Juli überall an sonnigen Plätzen dicht über dem Erdboden zwischen Gräsern und niederem Gestrüpp. Vom Rande des Deckennetzes und über dem Netz selbst zieht sich ein dichtes enges Fadengewirr nach oben bis zu einer Höhe von etwa 50 cm. Gerät ein Fluginsekt in dieses unsichtbare Labyrinth aus feinsten Fäden, stürzt es zunächst auf das Trichternetz herab. Die Spinne, die wie die Hausspinne am Eingang ihrer Röhre gelauert hat, eilt unglaublich rasch herbei und versetzt dem Opfer blitzschnell einen Biß, ehe es das Netz wieder verlassen kann. Sofort danach zieht sich die Spinne wieder in ihr Versteck zurück und wartet hier ab, bis das Gift zu wirken beginnt. Erst dann schleppt sie die regungslose Beute zum Wohntrichter, um sie hier auszusaugen. Bereits Ende Juli/Anfang August fertigt das Weibchen seinen Eikokon. Der innere Kokon, die eigentliche Eikammer (Inhalt 50–130 Eier), hat die Form eines flachen Beutels und wird am Rand durch mehrere (meist 5–7) radiäre Seidenbänder gestrafft und an der Nestwand frei und elastisch aufgehängt. Die Wand des Einestes besteht aus einem dichten zähen Gewebe. Zur Tarnung des Einestes befestigt die Spinne schließlich an der Außenhülle noch zahlreiche Fremdkörper. Noch im selben Jahr schlüpfen die Jungspinnen und überwintern, verbringen also 5–6 Monate in der Kinderstube. Während dieser Zeit ernähren sie sich von dem im Hinterleib gespeicherten Dottervorrat.

Bodentrichterspinne *Coelotes atropos*
Unten links: Spinne am Eingang ihrer Wohnröhre
Unten rechts: Nahaufnahme

Die vier zur Gattung *Coelotes* zählenden heimischen Arten der Bodentrichterspinnen unterscheiden sich nicht nur im Körperbau, sondern auch in der Lebensweise deutlich von den anderen Trichterspinnen. Ihr bis zu 15 mm langer Körper ist gedrungener, sie haben deutlich kürzere Beine, ihre Körperfärbung ist meist dunkelbraun bis schwarz, und ihr Wohntrichter besteht aus einer selbstgegrabenen Erdröhre. Die hier gezeigte Art webt lediglich ein stark reduziertes Bodentrichternetz auf niedrigem Moos. Die gesponnene Wohnröhre mündet in einer mehrere Zentimeter tiefen, von der Spinne selbst gefertigten Erdröhre. Sie selbst lauert am Röhreneingang auf Beutetiere, die auf das Deckengespinst vor der Röhre geraten. Das Weibchen legt seine Eier in der Erdröhre ab. Hier verbleiben die geschlüpften Jungspinnen noch mehrere Wochen gemeinsam mit der Mutter und werden während dieser Zeit von ihr auch mit Nahrung versorgt. Die Bodentrichterspinnen betreiben also eine ausgesprochene Brutpflege. Beobachtungen haben gezeigt, daß die Jungen ihrer Mutter die Nahrung regelrecht „abbetteln".

Familie Trichterspinnen – Agelenidae

Wasserspinne *Argyroneta aquatica*
Oben links: Spinne mit Beute
Oben rechts: Spinne beim Lufttransport
Unten links: Spinne mit fertiger Wohnglocke
Unten rechts: Kopulation in der Wohnglocke

In bewachsenen stehenden oder langsam fließenden Gewässern mit klarem Wasser, vor allem in Moorgräben, Teichen und Weihern mit reichem Pflanzenwuchs, lebt die wohl ungewöhnlichste aller Spinnen. Von allen bisher bekannten mehr als 25 000 Spinnenarten hält sie sich als einzige zeitlebens unter Wasser auf, obwohl auch sie vom Körperbau her eigentlich ein Landtier ist. Betrachten wir eine Wasserspinne einmal näher, so fällt uns sofort der silbrigglänzende Hinterleib auf. Es sind kleinste Luftbläschen, die sich in der dichten Behaarung festgesetzt haben und die Spinne mit einem dünnen Luftmantel umgeben. Auch sie benötigt zum Atmen atmosphärische Luft. Sie holt sich diesen Luftvorrat, indem sie zur Wasseroberfläche aufsteigt und kurz den Hinterleib über die Wasserfläche streckt. Hierbei bleibt ein dünner Luftmantel am Hinterleib haften, an dessen Unterseite sich die Atmungsspalten befinden. Durch die Körperwand und die Lufthülle hindurch findet ein ständiger Gasaustausch mit dem Wasser statt. Deshalb kann die Spinne in sauerstoffreichen Gewässern auch drei bis vier Tage unter Wasser verbringen, ehe sie an der Oberfläche neue Luft tanken muß.
Die Beutetiere der Wasserspinne sind hauptsächlich Insektenlarven, die sich im Wasser entwickeln und die sie auf dem Gewässergrund oder an den Pflanzen erjagt. Da sie die Beute jedoch nur „im Trockenen" verzehren kann, ist die Wasserspinne gezwungen, sich unter Wasser eine Luftkammer anzulegen. Dazu webt sie zwischen Pflanzen zunächst ein dichtes Deckennetz, das sie in der Umgebung mit zahlreichen starken Fäden verankert. Dann steigt sie zur Oberfläche empor, streckt den Hinterleib kurz aus dem Wasser und zieht ihn blitzschnell wieder ins Wasser zurück. Durch den Sog bleibt eine Luftblase am Hinterleib haften. Während die Spinne sich an einem Steigfaden wieder zum Netz hinabhangelt, hält sie mit gekreuzten Hinterbeinen die Luftblase fest (siehe Bild oben rechts). Unter dem Netz angekommen, streift sie die Blase ab, steigt sofort wieder nach oben und wiederholt diesen Vorgang 10–12mal. Hierbei wölbt sich das Deckennetz durch den Auftrieb der gespeicherten Luft immer stärker nach oben, bis schließlich eine haselnuß- bis walnußgroße Luftkammer entstanden ist. In diese „Taucherglocke" streckt die Spinne ihren Hinterleib mit den Atmungsorganen und lauert auf Beutetiere. Beim Fressen selbst streckt die Spinne jedoch den Vorderleib mit der Beute in die Luftblase.
Zur Fortpflanzungszeit vergrößert das Spinnenweibchen die Luftglocke zu einer Brutkammer. Hier findet dann die Paarung statt. In dem oberen Teil der Blase befestigt das Weibchen den Eikokon mit 30–90 Eier. Die ausgeschlüpften Jungspinnen verbleiben mehrere Wochen lang in der Glocke und werden während dieser Zeit von der Mutter nicht nur mit Nahrung, sondern auch immer wieder mit Frischluft versorgt. Dazu hebt die Spinne mit den Beinen den unteren Rand der Glocke etwas an, so daß ein Teil der verbrauchten Atemluft als Blase entweicht, und ersetzt sie durch Frischluft von der Oberfläche. Die halb erwachsenen Spinnen überwintern und werden im Sommer des darauffolgenden Jahres geschlechtsreif.

Familie Baldachinspinnen, Deckennetzspinnen – Linyphiidae

Baldachinspinne *Linyphia,* Fanggewebe (oben links)
Vom Juli an fallen uns vor allem nach taureichen Nächten am Morgen überall an den Gebüschen der Parkanlagen, an Waldrändern und Wegrändern und zwischen Sträuchern die oft auf engstem Raum in ungewöhnlich großer Zahl angelegten Fangnetze dieser Spinnen auf. Sie bestehen aus einem dichten Deckennetz, häufig kuppelförmig nach oben gewölbt, von dem aus ein dichtes Fadengewirr zu höherstehenden Pflanzenteilen führt. Nach unten sind die Netze mit nur wenigen starken Haltefäden verankert. Die Spinne hält sich stets mit der Bauchseite nach oben auf der Unterseite dieser Gespinstdecke auf und wartet, bis sich ein Fluginsekt in dem darüberliegenden Fadengewirr, den „Stolperfäden", verfängt. Stürzt das Beutetier nicht sofort auf die Decke, dann schüttelt die Spinne das Opfer durch heftige Rüttelbewegungen herab und versetzt ihm durch die Gespinstdecke hindurch einen Biß. Dann zieht sie die gelähmte Beute durch das Gespinst, um sie zu verzehren.

Baldachinspinne *Stemonyphantes lineatus* (oben rechts)
Die Bewohnerinnen dieser typischen Fangnetze sind durchweg kleine Tiere, deren 98 einheimische Arten eine Körperlänge von höchstens 6 mm erreichen. Die Färbung des Hinterleibes ist sehr verschieden. Dennoch fällt es sehr schwer, die einzelnen Arten im Freien nach ihrer Körpergestalt und -färbung zu bestimmen. Selbst die Zuordnung zu den verschiedenen Gattungen innerhalb der Familie bereitet den Zoologen Schwierigkeiten und ist meist nur mit Hilfe des Mikroskopes möglich. Gemeinsames Körpermerkmal sind die im Vergleich zur Körpergröße langen, mit Stacheln versehenen Beine, die meist gelbbraune bis dunkelbraune Grundfärbung und der beim geschlechtsreifen Weibchen kugelförmig aufgetriebene Hinterleib.

Baldachinspinne *Linyphia hortensis (Prolinyphia hortensis,* unten links)
Die zehn zur Gattung *Linyphia* gehörenden Arten legen ihre meist kuppelförmigen, nach oben gewölbten Deckennetze von der Form eines aufgespannten Regenschirms mit Vorliebe auf Gebüsch und zwischen niederen Zweigen, in Schonungen und an Waldrändern an, und zwar in so großer Zahl, daß die Gebüsche oft wie mit Schleiern übersät erscheinen.

Baldachinspinne *Linyphia,* Kopulation (unten rechts)
Die geschlechtsreifen Männchen bauen keine eigenen Fangnetze mehr. Sie suchen das Netz eines Weibchens auf und leben längere Zeit mit diesem gemeinsam, halten sich jedoch stets am Rande des Deckennetzes auf. Vor allem im Herbst zur Paarungszeit können wir in vielen Baldachinnetzen solche Spinnenpaare entdecken. Vor der Paarung läßt das Männchen die Samenflüssigkeit auf einem Pflanzenteil oder einer kleinen Gespinstdecke austreten und saugt sie mit seinen Kiefertastern auf, deren Endglieder zu Kolben verdickt sind. Dann begibt es sich zum Weibchen und drückt diese Begattungsorgane abwechselnd in die Begattungsspalten, die sich beim weiblichen Tier vorn an der Hinterleibsunterseite befinden. Bei der Samenübergabe, die sich nicht selten über 3–5 Stunden hinziehen kann, werden die Taster immer wieder gewechselt und zwischen den Mundwerkzeugen befeuchtet. Auf der Aufnahme ist einer dieser glänzenden, gelben Taster des Männchens (oben) an der Geschlechtsspalte des Weibchens deutlich sichtbar.

Familie Kugelspinnen, Haubennetzspinnen – Theridiidae

Kugelspinne, Fanggewebe (oben links)
Die Fanggewebe der Kugelspinnen sind nicht so gut als familientypische Netze zu erkennen wie die der Baldachinspinnen, obwohl beide Familien nahe verwandt sind. Die Form des Gespinstes hängt davon ab, ob es von Arten erbaut ist, die sich überwiegend von Bodentieren ernähren, oder aber von Arten, die sich auf den Fang von Fluginsekten spezialisiert haben. In beiden Fällen besteht das Netz aus einem haubenartigen Deckengespinst, aus sehr weiten Maschen gebildet und an starken Spannseilen nach oben und den Seiten gehalten. Bei den zuerst genannten Arten hängen von dieser Netzhaube einige stark klebrige Fäden nahezu senkrecht nach unten und sind am Boden unter Spannung nur leicht angeheftet. Berührt zum Beispiel eine Ameise eine dieser Fußangeln, so bleibt der Faden an ihr haften und reißt sich vom Boden los. Beim Versuch, sich zu befreien, berührt das Opfer meist einen zweiten und dritten Fangfaden und wird nach oben gezogen. Andere Arten wiederum legen über ihrem Haubennetz auf Sträuchern, an Buschrändern usw. ein wirres Fadennetz mit klebrigen Fangfäden an, in dem sich Fluginsekten verfangen (siehe Bild).

Kugelspinne mit Beute (oben rechts)
Es ist erstaunlich, wie die kleinen, meist nur 2–5 mm großen Kugelspinnen selbst wesentlich größere und wehrhafte Insekten zu überwältigen vermögen. Hat sich ein Beutetier in den Fäden verfangen, so klettert die Spinne auf das Opfer zu, wendet diesem in einer Entfernung von etwa einem Zentimeter ihre Rückseite zu und bewirft das Beutetier mit Hilfe eines Borstenkammes an den Fußgliedern der Hinterbeine mit Klebstoff, den sie durch besondere Spinnwarzen austreten läßt. Innerhalb kurzer Zeit ist auf diese Weise das Opfer völlig wehrlos gemacht und so verklebt, daß die Spinne nun ohne Gefahr den lähmenden Biß anbringen kann. Meist bleiben die ausgesaugten Nahrungstiere im Gespinst hängen. So sind in dem hier abgebildeten Netz drei Honigbienen zu erkennen; die Spinne selbst saugt gerade einen erbeuteten Schmetterling aus.

Kugelspinne *Theridion ovatum (T. redimitum, T. lineatum; Enoplognatha ovata)*
Unten links: Spinne mit Eikokon
Unten rechts: Spinne frißt erbeutete Radnetzspinne

Diese 5–7 mm lange Spinne ist eine unserer häufigsten heimischen Kugelspinnenarten. Wie bei den meisten Arten ihrer Familie wölbt sich auch bei ihr der Hinterleib kugelförmig nach oben (Name). Er ist, von oben gesehen, eiförmig und sowohl in seiner Grundfärbung als auch in der Färbung des Hinterleibsmusters sehr variabel, so daß eine Bestimmung hiernach nicht möglich ist. Dagegen sind die langen gelben Beine und die 4–5 schwarzen Punktpaare auf der Hinterleibsoberseite arttypische Kennzeichen. Die 100–180 hellgelben Eier umspinnt das Weibchen meist in einem zusammengerollten Blatt mit einer dicken Schicht fein gekräuselter, bläulicher Fadenwatte und bewacht anschließend den Eikokon. Bei Bedrohung transportiert es den Kokon nicht selten zu einem anderen Schlupfwinkel.

Familie Kugelspinnen, Haubennetzspinnen – Theridiidae

Theridion varians (oben links)
Viele der ungefähr 60 mitteleuropäischen Kugelspinnenarten betreiben eine ausgesprochene Brutpflege. Nachdem die Jungspinnen nach mehrmaliger Häutung den Eikokon verlassen haben, bis dahin stets von der Mutter bewacht, hängen sie sich in dem meist tütenförmigen Schlupfwinkel oder dicht daneben zu einer Traube zusammen und werden von der Mutter ernährt. Bei Beunruhigung zerstreuen sich die Jungen im Netz oder seilen sich an einem dünnen Faden ab, kehren jedoch nach einiger Zeit wieder ins Netz zurück. Im weiteren Verlauf ihres Wachstums legen die Jungen in den Randzonen des mütterlichen Netzes eigene kleine Netze an und beginnen selbst mit dem Fang von Beutetieren, bis sie sich schließlich in der Nachbarschaft ganz selbständig machen.

Theridion sisyphium (oben rechts)
Von Anfang Mai an finden sich im Gras und Gesträuch der Wegränder die glokkenförmigen Schlupfwinkel dieser Spinne inmitten des Gewebes, das für den Fang von Fluginsekten angelegt ist, oder dicht daneben. Auch sie bewacht den Eikokon und läßt ihn selbst bei Gefahr nicht im Stich. Durch Zerbeißen und Lockern der Kokonhülle erleichtert das Muttertier den Jungen das Verlassen des Eigespinstes. In den darauffolgenden Tagen werden die Jungspinnen mit einer Art „Kropfmilch“ regelrecht gefüttert. Das Weibchen läßt aus der Mundöffnung ein Sekrettröpfchen austreten. Die nur millimetergroßen Jungtiere klettern an den Beinen oder am Leib der Mutter entlang zu deren Mundregion und saugen dieses Sekret auf. In dem darauffolgenden Fütterungsstadium klettern die jungen Spinnchen eilends herbei, sobald die Mutter ein Beutetier im Netz gefesselt hat, beginnen sogleich, an dem noch lebenden Opfer zu saugen, und lassen sich dabei auch nicht stören, wenn die Altspinne die Beute in den Schlupfwinkel abtransportiert.

Theridion pictum (unten links)
Als einzige Spinnenfamilie haben die Kugelspinnen eine für Spinnen ganz ungewöhnliche Besonderheit: die Männchen sind zu Lautäußerungen fähig! Sie besitzen sog. „Stridulationsorgane“, das sind gezähnte Chitinleisten auf der Vorderwand des Hinterleibes und dazugehörige gerillte Platten auf der Rückseite der Kopfbrust. Diese Lautorgane sind bei manchen Arten mit dem bloßen Auge sichtbar, bei anderen nur mit der Lupe, und vergleichbar mit den Zirporganen der Grillen und Heuschrecken. Bei der Werbung um ein Weibchen erzeugen die Kugelspinnenmännchen hiermit leise Zirpgeräusche, die auch für das menschliche Ohr hörbar sind.

Fettspinne *Steatoda bipunctata* (unten rechts)
Ihren deutschen Namen verdankt diese 4–7 mm lange, kastanienbraune Kugelspinne dem fettig glänzenden Hinterleibsrücken. Als häufigste Hausspinne Mitteleuropas ist sie überall in Gebäuden zu finden, baut ihr Fangnetz jedoch auch im Freien an Baumstämmen und Felswänden. Diese Netze sind sowohl zum Fang von Bodentieren wie auch von Fluginsekten geschaffen. Beim erwachsenen Männchen sind die Stridulationsorgane besonders deutlich ausgeprägt.

Familie Krabbenspinnen – Thomisidae

Veränderliche Krabbenspinne *Misumena vatia*
Oben links: Gelbfärbung auf einer Löwenzahnblüte
Oben rechts: Weißfärbung auf Blütenblättern der Margerite (mit Beute)
Unten links: Grünfärbung (mit erbeuteter Solitärbiene)
Unten rechts: Lauerstellung auf Margerite mit aufgehängter Honigbiene

Die Familie der Krabbenspinnen unterscheidet sich von den bisher beschriebenen Spinnenfamilien zunächst durch eine ganz andere Methode des Beuteerwerbs. Während jene die Nahrungstiere durchweg mit Hilfe von Netzfallen unterschiedlicher Bauart erbeuten, fertigen die Krabbenspinnen kein Fanggewebe, sondern lauern ihrer Beute, meist Fluginsekten, auf. Naturgemäß wählen sie als „Ansitz" hierbei Standorte, die besonders häufig von Insekten aufgesucht werden. So bevorzugen viele Arten als Lauerplatz Blüten von Wiesen- und Gartenblumen, die von zahlreichen nektar- und pollensammelnden Insekten angeflogen werden. Andere Arten wiederum lauern auf Blättern von Sträuchern, Büschen und Laubbäumen, auf denen sich Fluginsekten zum Sonnen niederlassen. Oft verbringt eine Krabbenspinne viele Tage oder gar Wochen auf demselben Ansitz, indem sie die beiden vorderen, zu kräftigen Fangwerkzeugen ausgebildeten Beinpaare fangbereit zur Seite gestreckt hält und regungslos in dieser Lauerstellung verharrt.
An ihren exponierten Standorten sind die Tiere verständlicherweise durch ihre Feinde (Insektenfresser) stark gefährdet. Einer vermeintlichen Gefahr begegnen sie dadurch, daß sie sich rasch auf der Unterseite der Blüte oder des Blattes verbergen. Ihr Gesichtssinn, besser ausgebildet als bei den netzbauenden Familien, gestattet es ihnen, z. B. einen herannahenden Menschen bereits aus einer Entfernung von etwa zwei Metern wahrzunehmen. So können sie ihren Standort verlassen, ehe wir selbst das Tier bemerkt haben. Auch auf plötzlich auftauchende Schatten reagiert die Krabbenspinne meist mit dem Verlassen ihres Ansitzes.
In den Frühjahrsmonaten finden wir die Krabbenspinnen besonders häufig auf den Blüten des Löwenzahns, der Skabiose, des Wiesensalbeis, des Hahnenfuß und auf Doldenblüten. Dort hält sich mit Vorliebe auch eine Art auf, die eine ganz ungewöhnliche Eigenschaft besitzt: die Veränderliche Krabbenspinne. Ihren Namen verdankt sie der Tatsache, daß ihre Körperfarbe von Dottergelb über Schneeweiß bis Zartgrün wechselt. Je nach der aufgenommenen Nahrung erscheint das Tier unterschiedlich gefärbt, und je nach seiner Eigenfarbe sucht es die entsprechend gefärbten Blüten auf. Der Farbwechsel dauert etwa 2–3 Tage. Die bis zu 10 mm (Männchen 4 mm) große Spinne ernährt sich hauptsächlich von Bienen, die sie unmittelbar nach der Landung mit den kräftigen Vorderbeinen packt, durch einen Biß in den schwach gepanzerten Bienennacken lähmt und so lange festhält, bis die Biene gelähmt ist. Nur selten gelingt es der Biene, sich mit ihrem Stachel zur Wehr zu setzen und einen tödlichen Stich anzubringen. Wie das Bild unten rechts zeigt, wird bei einem Überangebot an Nahrungstieren von der vollgefressenen Spinne eine Art Vorratshaltung betrieben, indem die Spinne die Beute unter dem Ansitz an einem Faden aufhängt.

Familie Krabbenspinnen – Thomisidae

Krabbenspinne *Xysticus* mit Beute (oben links)
Die in etwa 40 Arten in Mitteleuropa verbreiteten Krabbenspinnen sind durch die Gattung *Xysticus* allein mit 19 Arten vertreten. Wie alle Krabbenspinnen halten auch sie die vier Beinpaare extrem seitlich gerichtet. Ihre Fähigkeit, wie die Krabben gewandt seitwärts und auch rückwärts zu laufen, und auch ihre Ähnlichkeit mit jenen Tieren hat ihnen den volkstümlichen Namen gegeben. Alle *Xysticus*-Arten weisen eine hell- bis dunkelbraune Körperfärbung auf. Ihr Hinterleib trägt ein helles Mittelband, jederseits mehrfach dreieckig ausgezackt. Die bis zu 10 mm großen Spinnen lauern ihrer Beute vorwiegend auf niederen Pflanzen und auf Gebüsch, seltener auf Blüten auf.

Xysticus bifasciatus, Weibchen bewacht Eikokon (oben rechts)
Im Sommer (Juni/Juli) fertigt das Weibchen entweder zwischen einigen zusammengewobenen Pflanzenteilen oder auch frei auf einem Grashalm seinen beutelförmigen Eikokon. Die Kokonhülle besteht aus einem sehr zähen und dichten Seidengespinst. Dann legt sich das Muttertier auf den Kokon und verharrt in dieser Stellung wochenlang, ohne Nahrung zu sich zu nehmen. (Spinnen sind übrigens durchaus in der Lage, viele Wochen oder gar Monate ohne Nahrung auszukommen!) Das Weibchen, sonst wie alle Krabbenspinnen sehr scheu, läßt sich auch durch drohende Gefahr von seinem Platz nicht vertreiben. Reißen wir den Grashalm samt Kokon und Spinne ab und tragen ihn mit nach Hause, so können wir feststellen, daß die Spinnenmutter auch während des Transportes den Kokon nicht verläßt. Die Erklärung für diesen so stark ausgeprägten Brutbewachungstrieb findet sich in der Tatsache, daß die Jungspinnen nicht in der Lage wären, ohne Hilfe der Altspinne aus dem dicht verschlossenen Kokon zu gelangen. Durch die Kokonwand hindurch spürt das Weibchen, wenn die Jungen fertig entwickelt sind. Dann beißt es die zähe Kokonhülle an den Rändern auf und verhilft so den Jungspinnen ins Freie. Die jungen Tiere wachsen dann in den darauffolgenden Monaten halb heran und überwintern.

Grüne Krabbenspinne, Blattkrabbenspinne *Diaea dorsata* (unten links)
Schon im Mai treffen wir die ausgewachsenen und geschlechtsreifen Tiere dieser Art meist auf den Blättern von Eichengebüsch, aber auch auf den Blättern anderer Laubbäume an Waldrändern und auf den Zweigen junger Tannen an. Charakteristisch für die 5–7 mm lange Spinne ist ihre grasgrüne Körperfärbung mit dem braunen Fleck auf dem Hinterleibsrücken.

Synaema globosum (unten rechts)
Auch die Krabbenspinnen bieten ein Beispiel für die Vielfalt an Farben, Farbmustern und Formen, mit denen die Natur die Spinnentiere ausgestattet hat. Diese Vertreterin, 4–6 mm lang, trägt als typisches Erkennungsmerkmal eine schwarze, sternförmige Zeichnung auf dem rahmgelben bis orangefarbenen Hinterleibsrükken. Ihre vordere Körperhälfte sowie die Beine sind glänzend schwarz. Als Ansitz wählt die Spinne sowohl Blüten als auch Blätter.

Familie Wolfspinnen – Lycosidae

Trochosa terricola (oben links)
Überall und zu jeder Jahreszeit (selbst an sonnigen, schneefreien Wintertagen) treffen wir draußen im Freien diese meist unscheinbar grau- bis braunschwarz gefärbten und deshalb oft übersehenen Spinnenarten an. Diese sehr flinken Tiere jagen durchweg ihre Beute auf dem Erdboden, seltener auch auf niederen Pflanzen, auf Felsen und auf gefällten Baumstämmen an Waldwegen und -lichtungen. Dabei werden sie vom Gesichtssinn geleitet, der bei ihnen jedoch nicht so stark ausgeprägt ist wie bei anderen jagenden Spinnenfamilien. Eine sich bewegende Beute nehmen sie erst aus einer Entfernung von 20–30 cm in groben Umrissen als Schatten wahr. Auf größere Schatten reagieren sie dagegen mit Flucht. Die ausgemachte Beute wird angeschlichen und im Sprung überwältigt.

Xerolycosa miniata (oben rechts)
Sicherstes Körpermerkmal für die Zuordnung einer Wolfspinne zur Familie ist ihre charakteristische Augenstellung. Ihre acht Augen stehen in drei Querreihen hintereinander. Die erste, nach vorn gerichtete Reihe besteht aus vier kleinen, die beiden anderen aus je zwei größeren Augen. Die genaue Bestimmung der 66 in Mitteleuropa lebenden Wolfspinnenarten ist wegen der großen Ähnlichkeit der Tiere meist nur an den Genitalien mit Hilfe eines Mikroskopes möglich. Dazuhin besteht in der wissenschaftlichen Artbenennung noch weitgehend Uneinigkeit, so daß uns in der Fachliteratur für dieselbe Art verschiedene Namen begegnen können. Die abgebildete Art, 5–7 mm lang, ist an der rötlichbraunen Grundfärbung des Körpers zu erkennen und ab Mai bis Juli als geschlechtsreifes Tier häufig und verbreitet.

Tarentula fabrilis (unten links)
Die 13 zur Gattung *Tarentula* (Taranteln) zählenden Arten gehören zu den größten einheimischen Wolfspinnenarten. Sie haben einen gedrungenen kräftigen Körperbau und werden bis knapp 20 mm groß. In südlichen Ländern lebende Arten erreichen dagegen eine Körperlänge bis etwa 50 mm, darunter die zu Unrecht berüchtigte, für Menschen völlig ungefährliche Apulische Tarantel, deren Biß angeblich eine Erkrankung mit tödlichem Ausgang, den Tarantismus (Veitstanz) auslösen soll. In Wirklichkeit ruft ihr Biß beim Menschen jedoch keine stärkere Wirkung hervor als beispielsweise ein Bienen- oder Wespenstich.

Tarentula barbipes (unten rechts)
Die Taranteln graben sich 4–5 cm tiefe Erdröhren, die ihnen als Wohngehäuse dienen. Diese fingerhutförmigen Röhren sind häufig im Waldboden angelegt und mit einem Gespinst austapeziert. In der Regel laufen die Spinnen nur selten frei auf dem Boden umher, sondern lauern am Eingang ihrer Wohnröhre auf vorbeikommende Insekten. Vor jeder Häutung, vor der Eiablage und auch vor der Überwinterung wird der Röhreneingang mit einem Seidengespinst fest verschlossen. Die hier abgebildete Art ist an der charakteristischen Zeichnung auf dem Hinterleibsrücken zu erkennen.

Familie Wolfspinnen – Lycosidae

Wasserjäger *Pirata piraticus* (oben links)
Manche Wolfspinnen halten sich mit Vorliebe in Wassernähe oder sogar auf dem Wasser selbst auf wie die sieben zur Gattung *Pirata* gehörenden mitteleuropäischen Arten. Meist laufen diese Spinnen bei der Beutejagd gewandt auf der Wasseroberfläche umher, ohne hierbei einzusinken. Bei Gefahr tauchen sie oft unter und können längere Zeit unter Wasser bleiben, weil ihnen die an den Haaren des Hinterleibs haftenden Luftbläschen stundenlang zur Atmung ausreichen. Alle Arten dieser Gattung tragen in der hellen Körperbinde auf dem Kopfbruststück einen dunklen, bis zu den Augen reichenden Gabelstreifen.

Pardosa lugubris
Oben rechts: Weibchen mit Eikokon
Unten links: Geöffneter Eikokon mit Spinnenembryos
Unten rechts: Weibchen mit Jungspinnen auf dem Hinterleib

Obwohl die meisten Wolfspinnen ein vagabundierendes Leben ohne festen Wohnsitz und Jagdbezirk führen, treiben die Weibchen dennoch eine ausgeprägte Brutfürsorge. Von Mitte Mai an fallen uns immer häufiger Tiere auf, die an ihrem Hinterleibsende ein linsenförmiges, grau, braungrau oder olivgrün gefärbtes Gebilde mit sich tragen. Es handelt sich hierbei um den Eikokon des Weibchens, der bei den verschiedenen Arten zwischen 30 und 100 Eier enthält und von einer zähen, papierartigen Hülle umgeben ist. Diesen Eikokon trägt das Weibchen, mit einigen Fäden an den Spinnwarzen angeheftet, auf ihren Jagdzügen stets mit sich. (Manche Arten verbergen sich mit ihrem Kokon unter Steinen oder in Erdröhren.) Vor allem ab Anfang Juni können wir diese Spinnenmütter oft gesellig an sonnigen Plätzen sitzen sehen: auf Steinen, Baumstämmen, unbewachsenen Bodenstellen usw. Da sie sehr beweglich sind, können sie mit ihrem Kokon immer die Sonnenwärme aufsuchen und somit die Entwicklung ihrer Brut beschleunigen. So ist bereits nach ca. zwei Wochen die Embryonalentwicklung der Jungspinnen beendet. Kommt der Zeitpunkt des Schlüpfens, dann lockert die Altspinne mit den Kieferfühlern den Kokonrand ringsum etwas auf, um den Jungen mehr Platz in der engen Kinderstube zu verschaffen. Die Jungspinnen verbleiben weiterhin im Kokon, je nach den herrschenden Temperaturen zwischen 10 und 22 Tagen, und machen während dieser Zeit zwei Häutungen durch. Die Spinnenmutter trägt ihre Last also insgesamt 4–6 Wochen lang mit sich, ohne dadurch jedoch in ihrer Beweglichkeit und ihrem Jagdvermögen beeinträchtigt zu sein. Haben sich die Jungspinnen in dem Kokon fertig entwickelt, verlassen sie durch die auseinanderklaffenden Kokonränder das Gehäuse. Danach lassen sie sich aber nicht etwa einfach zu Boden fallen, sondern klettern nach vorn auf den Hinterleib der Mutter. Hierbei hilft ihnen die Altspinne, indem sie ihre Hinterbeine an den Kokonrand legt, so daß die Jungspinnen über diese Brücke auf den mütterlichen Rücken gelangen. Dort klammern sie sich in der Haarbekleidung und aneinander zu einer dichten Traube fest. Sodann vergewissert sich das Spinnenweibchen, ob auch das letzte Junge den Kokon verlassen hat, und wirft nun die leere Hülle ab. Ungefähr eine Woche lang verbleiben die jungen Wolfspinnen auf dem mütterlichen Hinterleib, werden jedoch während dieser Zeit nicht mit Nahrung versorgt, sondern zehren von dem Dottervorrat des Eies. Dann klettern sie nacheinander ab und beginnen ihr eigenes Spinnenleben.

Familie Raubspinnen – Pisauridae

Listspinne, Gerandete Jagdspinne, Piratenspinne *Dolomedes fimbriatus* (oben links)
Schon der Name weist darauf hin, daß die Vertreter dieser Familie ihre Beute ebenfalls als Jäger erbeuten. Sowohl vom Körperbau (Augenstellung) als auch von der Lebensweise her sind sie mit den Wolfspinnen eng verwandt, unterscheiden sich von diesen aber vor allem in der Art ihrer Brutfürsorge und -pflege. Die Raubspinnen sind in Mitteleuropa nur mit den beiden auf dieser Seite vorgestellten Arten vertreten. Die mit einer Körperlänge von mehr als 20 mm zu den größten heimischen Spinnenarten zählende Listspinne hat eine mittel- bis schokoladenbraune Körperfarbe. Vorder- und Hinterleib sind mit einem breiten weißen bis gelblichen Band eingefaßt. Man findet sie bereits ab April sowohl im Bergland als auch – häufiger – in der Ebene. Hier lebt sie besonders gern in der Nähe von Wasser. Nicht selten macht sie sogar auf der Oberfläche von dicht bewachsenen Gewässern Jagd auf Beutetiere (ins Wasser gefallene Insekten, Wasserinsekten, kleine Fische und Wirbeltiere), die sie dann am Ufer aussaugt. Dichte Haarbüschel an den Endgliedern der Beine verhindern, daß die Spinne im Wasser einsinkt. Sobald Gefahr droht, taucht sie sofort unter und hält sich oft stundenlang unter einer Wasserpflanze versteckt. Wollen wir eine Listspinne fangen, müssen wir deshalb darauf achten, daß unser Körperschatten nicht auf die Spinne fällt. Als eine der wenigen Spinnenarten bringt das Weibchen zweimal im Jahr eine Brut hervor (Juni und August). Über die Brutfürsorge selbst siehe Seite 58.

Raubspinne *Pisaura mirabilis (P. listeri)*
Oben rechts: Weibchen mit Beute vor der Eiablage
Unten links: Spinne in der letzten Häutungsphase
Unten rechts: Männchen mit „Brautgeschenk“

Die bis zu 15 mm lange Raubspinne ist häufig in offenem, lichtem Gelände mit gleichmäßigem Bodenwuchs (Wiesen, Wegrändern usw.) auf Kräutern und niederen Sträuchern, zwischen Gräsern) zu finden, wo sie sich gern mit lang ausgestreckten Beinen auf Blättern sonnt. Die Oberseite des Hinterleibsrückens weist meist eine Zackenbinde auf. Das beinahe fertig entwickelte Tier häutet sich im zeitigen Frühjahr nach der Überwinterung zum letztenmal (siehe Bild unten links) und ist bereits im Mai geschlechtsreif. Bei der Partnersuche zeigt das Spinnenmännchen ein für Spinnen ungewöhnliches Werbeverhalten. Ehe es sich auf die Suche nach einer Partnerin begibt, fängt es ein Beutetier (meist eine Fliege), spinnt dieses mit einem dichten Seidengespinst zu einem Paket ein, packt es mit den Cheliceren und macht sich anschließend auf den Weg (siehe Bild unten rechts). Oft dauert es Stunden oder gar Tage, bis das Männchen eine Partnerin gefunden hat. Beim Weibchen angekommen, übergibt es ihm das Brautgeschenk, und während das Weibchen die nahrhafte Hochzeitsgabe frißt, findet die Kopulation statt. Der Naturfreund kann dieses Werbeverhalten selbst beobachten, wenn er im April/Mai ein geschlechtsreifes Raubspinnenweibchen (erkennbar an dem angeschwollenen Hinterleib) und ein Männchen (schlanker Hinterleib, kolbenartig verdickte Kiefertaster) zusammen in ein Terrarium setzt und einige Fliegen dazusperrt.

Familie Raubspinnen – Pisauridae

Raubspinne *Pisaura mirabilis (P. listeri)*
Oben links: Weibchen mit Eikokon
Oben rechts: Weibchen mit untergeschobenem Ersatzkokon
Unten links: Eikokon geöffnet mit Jungspinnen
Unten rechts: Weibchen bewacht eingesponnenen Kokon

Ebenso interessant wie das Werbeverhalten des Raubspinnenmännchens ist die Brutfürsorge des Weibchens. 3–4 Wochen nach der Kopulation spinnt es seine 100–300 Eier unter fortwährendem Drehen zu einem kugelförmigen Eipaket mit einer dichten, zähen Kokonwand ein. Der fertige Kokon hat bei der Raubspinne einen Durchmesser von 6–8 mm, bei der Listspinne (Inhalt 500–600 Eier) einen solchen von 9–14 mm. Er ist zu groß, um am Hinterleib transportiert zu werden. Deshalb hält ihn die Mutterspinne mit den Kieferklauen gepackt und trägt die Eilast während der darauffolgenden vier Wochen ständig mit sich. Nur während des Beutefangs und beim Verzehren der Beute läßt das Weibchen den Kokon vorübergehend los. Sein Brutfürsorgetrieb ist so stark, daß es das Eipaket erbittert verteidigt. Wird ihm trotz aller Gegenwehr der Kokon abgenommen, dann sucht das Weibchen lange Zeit danach und nimmt an seiner Stelle auch Gegenstände an, die in Form und Größe dem echten Kokon ähnlich sind. Bei dem abgebildeten Versuch (Bild oben rechts) wurde dem Spinnenweibchen ein aus Plastilin geformter und mit Watte vermischter Ersatzkokon angeboten. Dieser sowohl in der Farbe als auch in der Größe, im Gewicht und im Geruch vom Originalkokon abweichende, lediglich in der Form übereinstimmende Ersatzkokon wurde von der Spinne sofort angenommen. Obwohl er mit 630 mg mehr als das Dreifache des Körpergewichtes der Spinne selbst (192 mg) wog, schleppte ihn das Tier so lange mit sich, bis es völlig erschöpft liegenblieb.
Nach ungefähr 4 Wochen schlüpfen die Jungspinnen aus dem Ei, verbleiben aber weiterhin im Kokon. Um den Jungen in der engen Kinderstube Platz zu verschaffen, lockert die Spinne die Fäden der Gespinsthülle etwas auf; der Kokon schwillt daraufhin etwa zur doppelten Größe an. Kurz ehe die Jungspinnen den Kokon verlassen, fertigt das Weibchen ein Schutzgespinst. Dazu webt es einige Grashalme zusammen, bis eine nach unten offene Seidenkugel entsteht. Dann hängt sich das Tier zusammen mit dem Kokon in die Spitze dieser Kuppel. Bei Gefahr läßt es sich samt dem Kokon sofort aus dem Gespinst fallen und klettert kurze Zeit später wieder in die Kuppel zurück. Nach dem Schlüpfen der Jungspinnen durch die poröse Kokonwand legt sich das Spinnenweibchen mit ausgestreckten Beinen außen auf die Gespinsthülle und bewacht noch einige Tage lang die Spinnenjungen, die nach 2–7 Tagen das Schutzgespinst verlassen.
Wie stark der Brutfürsorgetrieb und auch der Orientierungssinn bei den Raubspinnenmüttern ausgeprägt ist, läßt sich bei der Listspinne beobachten. Fängt man ein *Dolomedes*-Weibchen, das gerade seine Kinderstube bewacht, und setzt das mit einem Farbtupfer gekennzeichnete Tier in einer Entfernung von etwa 200 Meter wieder aus, so wird man feststellen, daß die Spinne nach spätestens zwei Stunden wieder zu ihrem früheren Standort zurückgekehrt ist!

Familie Jagdspinnen – Sparassidae
Familie Spring- oder Hüpfspinnen – Salticidae

Grasgrüne Huschspinne *Micrommata rosea (M. viridissima)*
Familie Jagdspinnen – *Sparassidae*
Oben links: Weibchen *M. rosea*
Oben rechts: Farbvariation *ornata*

Die aus etwa 700 Arten bestehende Familie der Jagdspinnen ist in Mitteleuropa lediglich mit dieser Art vertreten. Die bis 13 mm lange Spinne tritt in zwei Farbvarianten auf: In der lebhaft hellgrünen, einfarbigen *M. rosea* (Männchen mit einem leuchtend roten Mittelband auf dem Hinterleib) und als *ornata,* deren Körper überall mit kleinen roten Punkten übersät ist. Die sehr angriffslustige, überaus flinke Spinne, ab Mai verbreitet und häufig, liebt sonnenbeschienene Plätze. Oft lauert sie hier auf den Blättern von Sträuchern, Büschen und niederen Laubbäumen auf vorbeilaufende Insekten, ergreift diese blitzschnell mit den vorderen Beinpaaren und führt die Beutetiere sofort zwischen die Cheliceren. Entkommene Tiere werden verfolgt und im Sprung überwältigt. Den beutelförmigen Eikokon befestigt das Weibchen in einem Einest und klammert sich dann am Kokon fest. Bei Bedrohung dieses Eibeutels geht die Spinne wütend zum Angriff über. Sie verläßt ihren Platz erst nach Wochen, wenn die Jungen bereits geschlüpft sind und sich selbständig gemacht haben. Während dieser Zeit nimmt das Weibchen keine Nahrung zu sich. Die beinahe erwachsenen Jungtiere überwintern in einem ringsum geschlossenen Gespinstsack unter Moos und Laub.

Zebraspringspinne *Salticus scenicus*
Familie Spring- oder Hüpfspinnen – *Salticidae*
Unten links: Zebraspringspinne
Unten rechts: Spinne, Porträt

Die Familie der Spring- oder Hüpfspinnen ist mit über 3000 verschiedenen Arten die weitaus größte Spinnenfamilie. Davon leben in Mitteleuropa allerdings lediglich 69 Arten; weitaus die meisten Vertreter bewohnen warme Gebiete. Bei den einheimischen Tieren schwankt die Körpergröße zwischen 2 und 12 mm. Charakteristische Kennzeichen sind die kurzen, kräftigen Beine an dem gedrungenen Körper, sowie die beiden ungewöhnlich großen vorderen Mittelaugen, die wie Scheinwerfer nach vorn gerichtet sind. Von der Größe dieser Augen läßt sich auf einen sehr gut ausgeprägten Gesichtssinn schließen. In der Tat erkennt die Springspinne eine Beute bereits aus einer Entfernung von 20 cm, wobei sie nicht nur deren Gestalt, sondern auch die Farbe des Beutetieres wahrnimmt. Eine der bekanntesten Spinnen dieser Familie ist die Zebraspringspinne, benannt nach ihrer zebraartig schwarzweiß geringelten Hinterleibsfärbung. Sie hält sich mit Vorliebe an sonnenbeschienenen Hauswänden, an den Bretterwänden von Schuppen und Hütten sowie an Baumstämmen und Felsen auf. Dort lauert sie auf Fluginsekten, die sich zum Sonnen niederlassen. Meist wird die nur wenige Millimeter große Spinne wegen ihrer geringen Körpergröße übersehen.

Familie Spring- oder Hüpfspinnen – Salticidae

Hyctia nivoyi (oben links)
Die meisten der durchschnittlich nur ungefähr 5 mm großen Springspinnen sind dunkel (grau- oder dunkelbraun bis schwarz) gefärbt. Einige Arten weisen jedoch eine Körperform auf, die von der typischen Gestalt der Springspinnen abweicht und die an einen Käfer oder eine Ameise erinnert. Diese Ähnlichkeit wird noch dadurch verstärkt, daß diese Spinnen dann auch die Verhaltenweisen jener Insekten nachahmen. So benutzt beispielsweise die auch bei uns verbreitete *Myrmarachne formicaria* nur ihre drei hinteren Beinpaare zur Fortbewegung und hält das vorderste Beinpaar wie Fühler nach vorn gestreckt. In kurzen Abständen bleibt sie stehen und tastet mit den Vorderbeinen den Boden ab wie eine Ameise, die sich orientiert. In diesem Zusammenhang sei eine weitere Besonderheit dieser Spinnenfamilie erwähnt, und zwar das ungewöhnliche Werbeverhalten der Männchen. Ist ein Männchen bei der Suche nach einer Partnerin auf ein paarungswilliges Weibchen gestoßen, dann führt es vor diesem einen charakteristischen Tanz auf, bis seine Werbung Erfolg hat und das Weibchen zur Paarung einlädt.

Springspinne mit Beute (oben rechts)
Obwohl auch die Springspinnen ihre Beute jagen wie die Wolf-, Jagd- und Raubspinnen, gehen sie hierbei ganz anders zu Werke als jene. Hat die Springspinne ein Opfer ausgemacht, schleicht sie das Beutetier oft auf großen Umwegen langsam an wie die Katze eine Maus. Dabei heftet sie auf ihrem Weg stets einen Sicherheitsfaden auf den Untergrund. In einer Entfernung von 4–5 cm vor dem Beutetier kauert sich die Spinne nieder und springt das Opfer dann zielsicher an. Beim Sprung streckt sie die beiden vorderen Beinpaare nach vorn und ergreift damit die Beute, auch wenn diese wesentlich größer ist als sie selbst. Da die Spinne auch während des Sprunges einen Sicherheitsfaden hinter sich abspult, kann sie von einem angesprungenen Fluginsekt nicht mit fortgetragen werden. Auf der Abbildung ist dieser Sicherheitsfaden deutlich erkennbar.

Sitticus truncorum
Unten links: Kokonbeutel
Unten rechts: Geöffneter Kokon mit Eigelege und Spinnenweibchen

Auf sumpfigen Wiesen in Gewässernähe finden wir im Hochsommer eigenartig zusammengesponnene Grasrispen, vor allem die zu einem großen Knäuel geformten Wollköpfchen der Wollgräser. Öffnen wir diese Rispen, dann entdecken wir darin mehrere beutelförmige Seidengespinste. Es sind dies die Eikokons der Springspinne *Sitticus truncorum*. Eigenartigerweise weben die Weibchen dieser Art mit Vorliebe zu mehreren gemeinsam solche Gespinste, die manchmal bis zu 20 Einester enthalten können, obwohl Spinnen im allgemeinen untereinander unverträgliche Geschöpfe sind und beim Beutefang auch ihresgleichen nicht verschonen. Im Inneren eines solchen Eikokons finden wir das mit loser Fadenwatte umsponnene Gelege mit ungefähr 30 hellgelben Eiern, bewacht vom Weibchen, das nach dem Schlüpfen der Jungspinnen mit diesen zusammen noch einige Zeit im Kokon verbringt. Typisch für diese Spinnenart sind die 3 Paare heller Flecken auf dem Hinterleib.

Familie Sacksponnen – Clubionidae

Clubiona stagnatilis (oben links)
Auch die mit 47 Arten in Mitteleuropa verbreiteten Sackspinnen sind ausgesprochene Jäger. Im Gegensatz zu den bisher beschriebenen jagenden Spinnenfamilien, die (von Ausnahmen abgesehen) Tagjäger und sonnenliebende Tiere sind, ruhen die Sackspinnen bei Tag in einem sackförmigen Wohngespinst (Name), seltener in einer selbstgegrabenen, mit Gewebe ausgekleideten Höhlung in der Erde, und gehen erst nach Einbruch der Dunkelheit auf Beutefang. Dabei schleichen sie ihre Opfer behutsam an, sind jedoch überaus flink und können auch an glatten senkrechten Flächen rasch emporklettern. Die meisten Sackspinnen werden höchstens 10 mm groß. Die größte Vertreterin, die zur Gattung *Chiracanthium* (Dornfinger) zählende *Chiracanthium punctorium* (15 mm Körperlänge) ist übrigens die einzige mitteleuropäische Spinne, deren Biß beim Menschen eine stärkere Giftwirkung hervorruft, die sich in Übelkeit und Ohnmacht äußern kann. Allerdings ist dem Menschen gegenüber nur das Weibchen beißlustig, wenn es seinen Eikokon verteidigt und sich angegriffen fühlt.

Clubiona reclusa (oben rechts)
Das Wohngehäuse der mit 24 Arten vertretenen eigentlichen Sackspinnen *(Clubiona)* besteht in der Regel aus einem Pflanzenblatt, das zu einem Tütchen oder Röhrchen eingerollt und innen mit einem festen Gewebe ausgekleidet ist. Diese Wohnsäcke weisen oben und unten je eine Öffnung auf, die vor der Häutung, vor der Eiablage und zur Überwinterung zugesponnen wird. Nicht selten legt *Clubiona* ihr Wohngehäuse auch unter loser Baumrinde an.

Clubiona trivialis
Unten links: Wohngehäuse
Unten rechts: Geöffnetes Gehäuse mit Spinne und Eigelege

Manchem Naturfreund sind vielleicht an den Ufern der Gewässer oder an sonstigen feuchten Standorten schon Schilfhalme bzw. Halme anderer schmalblättriger Pflanzen mit sonderbar verformten Spitzen aufgefallen. Es handelte sich hierbei um die Wohngehäuse einer *Clubiona*-Art, wahrscheinlich der *Clubiona trivialis*. Beim Bau dieses Gespinstes perforiert die Spinne das Blatt mit den Giftklauen zunächst einige Zentimeter unterhalb der Spitze der Quere nach, knickt mit Hilfe immer kürzer werdender Spannfäden die Blattspitze nach unten, perforiert das Blattende erneut, zieht es wieder nach oben und webt von innen die drei Blattstücke zu einer dreiwandigen Kammer zusammen (siehe Bild). Öffnen wir im Hochsommer diese fest verschlossene Wohnkammer, finden wir darin die Bewohnerin zusammen mit ihrem Eigelege, einem mit nur wenigen Fäden lose umsponnenen Häufchen rötlicher Eier. Das Spinnenweibchen bewacht nicht nur das Gelege, sondern verbleibt auch noch nach dem Schlüpfen der Jungspinnen in dem Gehäuse, bis die Jungen so weit entwickelt sind, daß sie ihr eigenes Leben beginnen können. Dann lockert die Spinnenmutter die Kokonwand an mehreren Stellen und verhilft somit den Jungen ins Freie. Gleich nach Verlassen der Kinderstube bauen diese ihre eigenen kleinen Wohnsäcke.

Familie Sackspinnen – Clubionidae

Braune Agroecaspinne *Agroeca brunnea*
Oben links: Spinne
Oben rechts: „Feenlämpchen"; Eikokon
Unten links: Fertiger Eikokon, getarnt
Unten rechts: Schlupfwespe perforiert Eikokon

Vielleicht sind dem aufmerksamen Beobachter im zeitigen Frühjahr (April/Mai) am Rande von Waldwegen schon einmal die eigenartigen Gebilde an Gräsern und Pflanzenstengeln etwa in Kniehöhe aufgefallen: Tropfenförmige, ungefähr einen Zentimeter große Klümpchen aus lehmiger Erde. Hierbei handelte es sich nicht etwa um Schmutz, der von den Rädern der Forstfahrzeuge an die Pflanzen gespritzt worden ist, sondern um das kunstvolle, hervorragend getarnte Bauwerk einer Sackspinne, der Braunen Agroecaspinne. Das bis 10 mm lange Tier, gelbrot gefärbt, bekommen wir jedoch kaum einmal zu Gesicht, weil es sich tagsüber in seinem Wohngespinst zwischen Moos oder unter Baumrinde verborgen hält und erst nachts auf Beutefang geht. Und auch erst nach Einbruch der Dunkelheit beginnt das Weibchen mit dem Bau seines Kokons in der Nähe seines Schlupfwinkels.
Er ist einer der eigenartigsten Eikokons in der Spinnenwelt. Zunächst webt die Spinne um den Stengel eines Grashalmes, einer Staude oder eines tiefhängenden Zweiges ein Seidenband und setzt daran einen dünnen Stiel, der sich allmählich zu einem weinglasähnlichen Gespinst erweitert. Wegen seiner Form wird dieser Kokon im Volksmund „Feenlämpchen" genannt (Bild oben rechts). Ein Schnitt durch den Kokon zeigt, daß das Innere aus zwei verschiedenen Kammern besteht. Der obere Teil des Kokons enthält die eigentliche Eikammer mit 40–60 weißgelben Eiern, der untere Teil dagegen bleibt leer. Nachdem der Kokon fertiggestellt ist, zieht die Spinne ein schrägstehendes Klettertau zum Erdboden herab und transportiert an diesem Spinnfaden zwischen den Cheliceren kleine Klümpchen feuchter Erde, die mit sandfeinen Steinchen gemischt ist. Mit diesen Klümpchen bepflastert das Weibchen die Außenwand des Kokons etwa 1–2 mm dick. Diese Umhüllung soll das schneeweiße Gespinst nicht nur tarnen; die rasch erhärtende Schmutzkruste soll die Eikammer außerdem auch vor Schlupfwespen schützen.
Etwa 3–4 Wochen später schlüpfen die Jungspinnen und kriechen durch eine kleine Öffnung in die untere Kokonkammer, die „Kinderstube", die den jungen Tieren ausreichend Platz bietet und die ihnen für weitere 2–3 Wochen als Aufenthaltsraum dient. Schließlich sind sie so weit entwickelt, daß sie ein Loch in die äußere Schutzhülle beißen und nacheinander ins Freie gelangen können. Trotz des harten Schutzmantels gelingt es den auf die *Agroeca*–Brut spezialisierten Schlupfwespen nicht selten, mit ihrem Legestachel die Erdkruste zu durchbohren und ihre Eier in der Spinnen-Eikammer abzulegen. So kann man beobachten, wie eine solche Schlupfwespe oft eine Stunde und länger immer wieder an verschiedenen Stellen des „Feenlämpchens" ihren Stachel ansetzt, bis sie schließlich Erfolg hat (Bild unten rechts). Auch alle anderen Spinnenarten sind durch Schlupfwespen bzw. deren Larven am stärksten gefährdet, vor allem die Eier selbst und die Spinnenbrut in den Kokons.

Familie Plattbauchspinnen – Drassodidae
Familie Zwergspinnen – Micryphantidae
Familie Finsterspinnen – Amaurobiidae

Scotophaeus blackwalli (oben links)
Familie Plattbauchspinnen – *Drassodidae*
Die mit insgesamt 55 Arten bei uns heimischen Plattbauchspinnen sind mit den Sackspinnen nahe verwandt. Diese Verwandtschaft zeigt sich nicht nur in der Übereinstimmung der Lebensweise, sondern auch in der großen Körperähnlichkeit beider Familien. Lediglich die Körperfärbung ist bei den ersten überwiegend dunkel, während bei den Sackspinnen eine mittlere (meist graue) Körperfärbung vorherrscht. Auch die Plattbauchspinnen sind nächtliche Schleichjäger, die sich tagsüber in Höhlungen unter Steinen, Rinde, zwischen Moos und zusammengerollten Blättern versteckt halten. Die Artbestimmung ist sehr schwierig und nur nach den Geschlechtsorganen möglich. Die abgebildete Art findet sich häufig in Häusern oder in Mauerritzen.

Drassodes hypocrita (oben rechts)
Familie Plattbauchspinnen – *Drassodidae*
Die rostbraun gefärbte, ca. 10 mm lange Spinne mit dem seidig glänzenden, gelbgrauen Hinterleib hält sich am Tage mit Vorliebe unter Moos und Steinen verborgen. Sie gehört zur Gattung *Drassodes,* die mit 14 Arten am häufigsten bei uns vertreten ist. Über die Lebensweise der Plattbauchspinnen wissen wir bisher nur wenig.

Enidia bituberculata (unten links)
Familie Zwergspinnen – *Micryphantidae*
Obwohl von allen Spinnenfamilien die der Zwergspinnen mit mehr als 175 Arten bei uns am häufigsten vertreten ist, wissen die Zoologen noch sehr wenig über die Lebensweise dieser nur 1–2 mm großen Tiere. Als einzige große Familie ist sie zudem vorwiegend in den gemäßigten und kalten Klimazonen bis in arktische Gebiete verbreitet. Die Zwergspinnen leben im Erdboden oder unmittelbar auf dem Boden und weben dort vielfach zarte, kaum sichtbare Fangnetze, mit denen sie winzige Insekten erbeuten.

Fensterspinne *Amaurobius fenestralis* (unten rechts)
Familie Finsterspinnen – *Amaurobiidae*
Stellvertretend für die neun in Mitteleuropa lebenden Arten der Finsterspinnen sei hier die Fensterspinne vorgestellt, so genannt, weil das dunkel gefärbte Tier mit der gelben Zeichnung auf dem Hinterleibsrücken zuweilen sein Fangnetz an den Scheiben von Wohnungs- und Kellerfenstern befestigt. Meist hält sich die Spinne jedoch in Mauerlöchern und zwischen Mauerritzen, aber auch unter Steinen und Rinde im Wald sowie unter loser Baumrinde in einem röhrenförmigen Schlupfwinkel auf. Von dieser Wohnröhre aus verlaufen dicht über dem Grund unregelmäßig gewobene, mit Kräuselfäden belegte Fangnetze. Im Juni/Juli spinnt sich das Weibchen in einem dichten Brutsack ein und bewacht seine 70–100 Eier. Das Alttier stirbt meist unmittelbar nach dem Ausschlüpfen der Jungen aus den Eiern oder schon kurz zuvor und dient dann den Jungen als erste Nahrung.

Verzeichnis der wissenschaftlichen Namen

Verzeichnis der deutschen Namen

FRANCKH
KOSMOS
Verlagsgruppe